Wolfgang Stegmüller

Probleme und Resultate der Wissenschaftstheorie und Analytischen Philosophie, Band IV
Personelle und Statistische Wahrscheinlichkeit

Studienausgabe, Teil E

‚Statistische Begründung und statistische Analyse' statt ‚Statistische Erklärung'
Indeterminismus vom zweiten Typ
Das Repräsentationstheorem von de Finetti
Metrisierung qualitativer Wahrscheinlichkeitsfelder

Springer-Verlag Berlin · Heidelberg · New York 1973

Professor Dr. WOLFGANG STEGMÜLLER
Philosophisches Seminar II
der Universität München

Dieser Band enthält Teil IV und die Anhänge I—III der unter dem Titel „Probleme und Resultate der Wissenschaftstheorie und Analytischen Philosophie, Band IV, Personelle und Statistische Wahrscheinlichkeit, Zweiter Halbband: Statistisches Schließen — Statistische Begründung — Statistische Analyse" erschienenen gebundenen Gesamtausgabe

ISBN 3-540-06042-1 broschierte Studienausgabe Teil E
Springer-Verlag Berlin Heidelberg New York

ISBN 0-387-06042-1 soft cover (Student edition) Part E
Springer-Verlag New York Heidelberg Berlin

ISBN 3-540-06040-5 gebundene Gesamtausgabe
Springer-Verlag Berlin Heidelberg New York

ISBN 0-387-06040-5 hard cover
Springer-Verlag New York Heidelberg Berlin

 Library of Congress Catalog Card Number 73-77476. Printed in Germany. Herstellung: Brühlsche Universitätsdruckerei Gießen

Inhaltsverzeichnis

Teil IV. ‚Statistisches Schließen — Statistische Begründung — Statistische Analyse' statt ‚Statistische Erklärung'

Von den gebundenen Ausgaben des Bandes „Probleme und Resultate der Wissenschaftstheorie und Analytischen Philosophie, Band IV, Personelle und Statistische Wahrscheinlichkeit“ sind folgende weiteren Teilbände erschienen:

Studienausgabe Teil A: Aufgaben und Ziele der Wissenschaftstheorie. Induktion. Das ABC der modernen Wahrscheinlichkeitstheorie und Statistik.

Studienausgabe Teil B: Entscheidungslogik (rationale Entscheidungstheorie).

Studienausgabe Teil C: Carnap II: Normative Theorie des induktiven Räsonierens.

Studienausgabe Teil D: ‚Jenseits von Popper und Carnap‘: Die logischen Grundlagen des statistischen Schließens.

Teil IV

‚Statistisches Schließen — Statistische Begründung — Statistische Analyse‘ statt ‚Statistische Erklärung‘

1. Elf Paradoxien und Dilemmas

Im letzten Absatz des Unterabschnittes 6.a von Teil III wurde darauf aufmerksam gemacht, daß unabhängig vom Problem der Rechtfertigung der Einzelfall-Regel die genauen Bedingungen ihrer korrekten Anwendung zu prüfen seien, daß diese Prüfung jedoch zweckmäßigerweise innerhalb eines anderen systematischen Rahmens erfolgen sollte. Dieser Rahmen wird durch das Stichwort „Statistische Erklärung“ geliefert. Jedenfalls sind die bisher in der Literatur bekannten Erörterungen der Anwendungsprobleme statistischer Gesetzeshypothesen unter diesem Thema diskutiert worden. An diese knüpfe ich daher im folgenden an.

Allerdings werde ich mich in diesem letzten Teil in viel stärkerem Maße als in den drei vorangehenden Teilen dieses Bandes genötigt sehen, von herrschenden Auffassungen abzuweichen. So werden die folgenden Überlegungen auch in höherem Grade den Charakter einer Pionierarbeit haben. Und sie werden daher vermutlich mit den Vor- und Nachteilen einer solchen Pioniertätigkeit verbunden sein, nämlich einerseits — so hoffe ich — anregend zu wirken auf diejenigen, welche beabsichtigen, diese Probleme nochmals genau zu überdenken; andererseits mit noch nicht völlig ausgearbeiteten, revisions- und präzisierungsbedürftigen Vermutungen durchsetzt zu sein.

Daß fachwissenschaftliche Problemstellungen fast immer in dem durch ein ‘tacit knowledge’ gesetzten Rahmen erfolgen, wird heute zunehmend anerkannt, ebenso dies, daß es erforderlich sei, innerhalb wissenschaftstheoretischer Analysen dieses ‘background knowledge’ ausdrücklich in die Thematisierung mit einzubeziehen. Der Begriff des statistischen Datums von Teil III dürfte eine Exemplifizierung dafür gegeben haben, daß man sich dabei nicht unbedingt im Vagen und Unverbindlichen zu verlieren braucht.

Weniger beachtet blieb bisher wohl die Tatsache, daß auch wissenschaftstheoretische Problemstellung selbst in der Regel *unter der stillschweigenden Annahme der Gültigkeit epistemologischer Oberhypothesen* erfolgen. Im vorliegenden Fall dürften es drei solcher Annahmen sein, die ursprünglich von den Forschern, die sich an der Diskussion zum Problemkomplex der statistischen Erklärung beteiligten, als gültiges ‚Datum‘ vorausgesetzt wurden:

(1) Es gibt genau *ein* Explikandum für den Begriff der statistischen Erklärung.

(2) Statistische Erklärungen sind *Argumente* von bestimmter Art (wenn auch Argumente von anderer Art als Erklärungen, die sich auf deterministische Gesetze stützen).

(3) Dasjenige, worauf man sich mit „Statistische Erklärung“ bezieht, bildet einen explikationsbedürftigen wichtigen Begriff.

Diese drei Annahmen werden sich am Ende teils als falsch, teils als fragwürdig erweisen. Genauer gesprochen, werden wir zu folgenden Resultaten gelangen: Im Verlauf der Diskussion von 11 Paradoxien und Schwierigkeiten wird sich eine Infragestellung von (1) zwingend ergeben. Es wird sich herausstellen, daß es *zwei vollkommen verschiedene zu explizierende Begriffe* gibt. Der eine dieser Begriffe: der Begriff der *statistischen Begründung*, bildet einen speziellen Fall des sogenannten statistischen Schließens, nämlich jenen Typ, den wir in Teil III andeutungsweise als *die korrekte Anwendung der statistischen Einzelfall-Regel* bezeichneten. Der andere Begriff: der Begriff der *statistischen Analyse*, bildet zum Unterschied vom ersten kein prognostisch verwertbares ‚Schlußverfahren‘, sondern stellt ein Mittel zur Gewinnung eines *statistischen Situationsverständnisses* dar. Die Verwerfung der in dieser Generalität behaupteten Annahme (2) wird sich als eine direkte Konsequenz dieser Überwindung der Grundannahme (1) erweisen. Zu diesem Punkt ist zweierlei zu bemerken: Erstens lassen sich nur statistische Begründungen, nicht jedoch statistische Analysen als Argumente deuten, selbst bei noch so weitherziger Ausdehnung des Gebrauches von „Argument“. Zweitens wird die Diskussion der grundlegendsten ersten Paradoxie, der ‚Paradoxie der Erklärung des Unwahrscheinlichen‘, ergeben, daß Begründungsargumente *nur Vernunftgründe für eine rationale Überzeugung* liefern — z. B. im Kontext rationaler Prognosen oder rationaler Retrodiktionen —, *daß diese Begründungsargumente jedoch prinzipiell nicht als Erklärungen dessen, was sich tatsächlich ereignete, verwendbar sind.* Aus dieser Erkenntnis wird schließlich die Infragestellung von (3) resultieren.

Wir werden uns allerdings am Ende, wenn die übrigen Untersuchungen abgeschlossen sind, nochmals dem Problem zuwenden, was unter „Statistische Erklärung“ verstanden werden könnte. Vier verschiedene Vorschläge werden sich dabei anbieten. Gegen alle werden sich Einwendungen vorbringen lassen. Am relativ brauchbarsten wird sich der Gedanke erweisen, bestimmte Formen der ‚Überlagerung‘ von statistischen Begründungen und statistischen Minimalanalysen als Erklärungen zu bezeichnen. Eine merkwürdige Konsequenz muß man allerdings selbst bei dieser relativ günstigsten Wortwahl in Kauf nehmen, sollte man sich für sie entscheiden: Ob statistische Erklärungen von Ereignissen, die nur unter statistische Gesetzmäßigkeiten fallen, möglich sind, hängt nicht nur vom Wissensstand und von den intellektuellen Fähigkeiten des mit der Frage befaßten Forschers ab, sondern im strengen Wortsinn *vom Zufall.*

Als erfreulicher Nebeneffekt wird sich folgendes ergeben: Die sehr radikale Meinungsdifferenz zwischen C. G. HEMPEL, nach dessen Auffassung *alle* statistischen Erklärungen Argumente sind, R. C. JEFFREY, der *nur einige* statistische Erklärungen als Argumente gelten läßt, und W. SALMON, nach dessen Überzeugung statistische Erklärungen *niemals* Argumente darstellen, wird sich *als ein bloß scheinbarer Gegensatz in wissenschaftstheoretischen Überzeugungen* erweisen. Was insbesondere das Verhältnis von HEMPEL und SALMON betrifft, so kann man sagen, daß beide Denker von ganz verschiedenen Gegenständen sprechen, wenn sie den Ausdruck „Statistische Erklärung" gebrauchen, allerdings von Gegenständen, *die* aus noch zu schildernden Gründen *beide nicht als statistische Erklärungen bezeichnet werden sollten.*

Als je komplizierter sich eine Materie erweist, je hartnäckiger sie sich logischer Analyse widersetzt, desto wichtiger wird es, Klarheit über die einzelnen Probleme zu gewinnen, sie zu identifizieren und sauber auseinanderzuhalten. Mit einer solchen ganz besonders schwierigen Materie haben wir es hier zu tun. Mehr als in anderen Bereichen der Wissenschaftstheorie dürfte es daher diesmal angebracht sein, die *aporetische Methode* des Aristoteles anzuwenden, um ein möglichst scharfes Bild von der Problemsituation zu gewinnen.

Wir beginnen daher mit einer Schilderung von Schwierigkeiten. Sie haben prima facie nichts miteinander zu tun; ihre potentiellen Lösungen scheinen in ganz verschiedene Richtungen zu weisen oder in der Produktion neuer Berge von Problemen zu bestehen. Wenn eine Schwierigkeit so geartet ist, daß sie in einen Konflikt zwischen anerkannten Vorstellungen einmündet, dann reden wir von einer *Paradoxie.* Handelt es sich dagegen um ein Problem, dessen Lösung zunächst im Dunkeln zu liegen scheint, so sprechen wir von einem *Dilemma.*

(I) Die Paradoxie der Erklärung des Unwahrscheinlichen. Innerhalb der ausführlichen Diskussion der Frage, ob eine logische Symmetrie zwischen Erklärung und Voraussage besteht[1], ist früher von den Teilnehmern in der Regel ein Aspekt übersehen worden. *Im Fall einer kausalen Erklärung* (oder allgemeiner: Im Fall einer Erklärung mittels strikter Gesetze) *fällt das rational zu Erwartende mit dem faktisch Eintretenden zusammen, sofern das Explanans richtig ist.* Im Fall einer statistischen Prognose kann beides auseinanderklaffen. Als erster dürfte R. JEFFREY[2] darauf hingewiesen haben, daß dieser Sachverhalt zu Schwierigkeiten für die Standard-Interpretation wissenschaftlicher Erklärungen und Prognosen führt.

Angenommen, ich nehme einen homogenen Würfel, für den ich die Gleichverteilungshypothese bezüglich der sechs Augenzahlen sowie die

---

[1] Die Argumente für und wider diese These habe ich systematisch darzustellen versucht in Kap. II von Bd. I, [Erklärung und Begründung]. Dort wird zugleich der Versuch eines neuen systematischen Zuganges unternommen.

[2] In: [Explanation vs. Inference].

Annahme der Unabhängigkeit der Würfe als gültig voraussetze (d. h. also: erstens gelte für jede der 6 Augenzahlen die Wahrscheinlichkeit 1/6 ihres Eintreffens bei einem einzigen Wurf; und zweitens sei die Annahme zutreffend, daß kein Wurfergebnis ein folgendes beeinflusse). Ich würfele siebenmal und erziele jedesmal eine 6. *Wie ist diese Tatsache zu erklären?*

Bei der logischen Analyse von prognostischen Wahrscheinlichkeitsargumenten wird gewöhnlich davon ausgegangen, daß das mit hoher Wahrscheinlichkeit Vorausgesagte auch tatsächlich eintrifft. Dieser Fall ist hier *nicht* gegeben. Denn wie immer die genaue logische Analyse des Voraussage-Argumentes aussehen möge, die durch dieses Argument gestützte Prognose wird besagen, daß nicht siebenmal hintereinander eine 6 geworfen werden wird. Man beachte, daß diese Prognose (des Nichteintreffens von sieben aufeinanderfolgenden Sechserwürfen) nicht etwa nur so lange als rational anzuerkennen ist, als man das überraschende Resultat nicht kennt. Auch *nachdem* man feststellte, daß 7 Sechserwürfe gemacht worden sind, wird man die anders lautende Prognose weiterhin als rational gelten lassen müssen. Man wird sagen, *daß hier etwas eingetreten ist, was vernünftigerweise nicht zu erwarten war.*

Bei dem Versuch, die obige Warum-Frage zu beantworten, gerät man in eine Paradoxie, wenn man an der Standardauffassung festhält, daß eine wissenschaftliche Erklärung in einem erklärenden *Argument* besteht. Eine korrekte Erklärung dieses seltsamen Phänomens von 7 aufeinander folgenden Sechserwürfen müßte danach ein Argument sein, welches nur richtige Prämissen enthält und eine Begründung für die dieses Phänomen beschreibende Aussage liefert. Nach unserer Voraussetzung stützt sich jedoch auch das Voraussage-Argument, welches das Nichteintreten dieses Phänomens begründet, nur auf richtige Prämissen. Wie ist dies möglich?

Die ganze Schwierigkeit wäre sofort beseitigt, wenn man das prognostische Argument *in einem anderen pragmatischen Kontext* betrachten würde als wir dies hier tun, nämlich im Kontext der *Hypothesenprüfung*. Wenn wir die Annahme, daß für den fraglichen Würfel die Laplace-Wahrscheinlichkeit (Gleichverteilung) gelte, durch die sieben Würfe erst getestet hätten, so würde unser Schluß lauten, daß diese Annahme falsch sei.

Wie die Begründung im einzelnen aussehen würde, braucht uns hier nicht zu interessieren. Es genügt die Feststellung, daß *jede* vernünftige Testtheorie zu diesem Resultat gelangen würde. Ein Vertreter der Likelihood-Schule würde z. B. sagen, die Laplace-Hypothese habe im Licht dieses Beobachtungsbefundes relativ zu der Alternativhypothese, wonach die Augenzahl 6 begünstigt sei, eine so geringe Likelihood, daß sie zugunsten der Alternativhypothese zu verwerfen sei.

Daß wir die Beobachtung in einem derartigen Kontext anstellten, wurde von uns aber ausdrücklich durch die Voraussetzung ausgeschlossen, daß die Gleichverteilungshypothese als gesichert gelten solle, sei es aufgrund direkter früherer Bestätigung, sei es indirekt durch Herleitung dieser Annahme aus einer anderen, als gesichert geltenden Hypothese. Der Ausweg zu sagen: „das prognostische Argument beruhte auf einer falschen statistischen Hypothese" steht uns also nicht zur Verfügung.

Auch wäre es nicht schlüssig zu verlangen, daß bei einem solchen Resultat der im vorletzten Absatz erwähnte pragmatische Kontext der Hypothesenprüfung erzwungen würde: Wenn sich etwas außerordentlich Unwahrscheinliches ereigne, müsse die Hypothese, aus der diese Unwahrscheinlichkeit folge, fallengelassen werden. Unwahrscheinliches ist nicht nur *logisch möglich;* es wird auch *faktisch realisiert.* Jeder Gewinner eines großen Loses stellt zu seiner Freude fest, daß sich sehr Unwahrscheinliches ereignet hat. Angehörige von Personen, die von einem Meteoriten erschlagen wurden, müssen zu ihrem Entsetzen feststellen, daß uns auch ungeheuer Unwahrscheinliches heimsuchen kann. Aus dem Mikrobereich lassen sich Fälle des Eintretens von Phänomenen von einer noch höheren Ordnung an Unwahrscheinlichkeit angeben.

Es bleibt also dabei, daß das Unwahrscheinliche, *wenn es einmal eingetreten ist*, etwas durchaus Rätselhaftes bleibt, wenn man sich nicht damit begnügt, es zu beschreiben, sondern darüber hinaus versucht, es zu erklären.

Folgendes ist zu beachten: Bei der Formulierung dieser Schwierigkeit wurde *weder* auf eine spezielle Deutung des Wahrscheinlichkeitsbegriffs *noch* auf eine ganz bestimmte formale Struktur dessen Bezug genommen, was als ‚erklärendes Argument' auszuzeichnen sei. Die Schwierigkeit besteht ganz unabhängig davon, ob man eine personalistische, eine objektivistische oder eine dualistische Wahrscheinlichkeitsauffassung vertritt. Ferner wurde ganz davon abstrahiert, wie ein ‚Argument' mit statistischen Prämissen zu rekonstruieren sei. Es genügt, daß die ‚Prämissen' der als Argument bezeichneten gedanklichen Operation *eher das Eintreten als das Nichteintreten* des durch die ‚Conclusio' beschriebenen Sachverhaltes *erwarten lassen.* Dieses zweite formale Merkmal werden wir später die Leibniz-Bedingung nennen.

Versuchen wir, nochmals die Bedingungen genauer anzugeben, unter denen die erste Schwierigkeit entsteht. 1. *Bedingung:* Eine Erklärung soll ein Argument in dem eben angegebenen weiten Sinn darstellen. Die ‚Prämissen' eines solchen Argumentes nennen wir das Explanans X. 2. *Bedingung:* Eine Erklärung ist stets eine *Erklärung von etwas*, nämlich des Explanandums. Dabei wird unter dem Explanandum ein Ereignis verstanden, das durch eine Proposition E beschrieben wird. Die Schwierigkeit ist nun die folgende: Während es noch als sinnvoll erscheinen mag, im Fall der Wahrheit von Prämisse und Conclusio (mit „= ?" als Symbol für das probabilistische Argument[3]):

$$(a) \quad \frac{X}{\overline{E}}\,?$$

[3] Durch das Zeichen „?" neben den beiden horizontalen Strichen soll angedeutet werden, daß in dem probabilistischen Argument ‚das X im Fall seiner Richtigkeit für die Wahrheit von E spricht', daß jedoch im übrigen die genaue Natur dieses Argumentes offenbleiben kann.

zu sagen, daß X eine Erklärung für E liefert, geraten wir bei Erfüllung der folgenden drei Bedingungen

(*b*) X ist wahr, $\neg E$ ist wahr und (*a*) ist gültig

in eine Schwierigkeit. (Man beachte dabei, daß in (*b*) X mit dem X von (*a*) *identisch* ist!) Denn es wäre doch offenbar absurd, *dasselbe* X, welches für die Wahrheit von E spricht, ein Explanans für $\neg E$ zu nennen.

Ein denkbarer Ausweg scheint darin zu bestehen, von X eben *nur* im Fall (*a*) zu sagen, daß es eine Erklärung für E liefere; *im Fall* (*b*) *hingegen gäbe es überhaupt keine Erklärung* (falls nicht eine ‚kausale Tiefenanalyse' ein nomologisches Argument zugunsten von $\neg E$ bereitgestellt, welche Möglichkeit wir nach Voraussetzung ausschließen). Gegen diesen Ausweg aber sprechen zwei Überlegungen: (1) Die Plausibilität, im Fall (*a*) sagen zu dürfen, daß X das Explanandum E erkläre, ist nur eine scheinbare. Was nämlich in Wahrheit ‚erklärt' wird, ist nichts anderes als dies, daß es in einer Situation, in welcher X bekannt ist, hingegen noch nicht bekannt ist, ob E oder $\neg E$ wahr sein wird, vernünftig ist, das Eintreten von E zu erwarten: *Nicht das Eintreten von E wird erklärt, sondern die Rationalität einer E auszeichnenden Erwartung!* (2) Wenn man beschließt, X im Fall (*a*) ein Explanans zu nennen, nicht jedoch im Fall (*b*), so läßt man es vom Zufall abhängen, ob irgendetwas etwas anderes erklärt. Dies dürfte allen unseren Intuitionen widersprechen. So wie das Wort „erklären von Tatsachen" im vorexplikativen Sinn gebraucht wird, sollte es doch nur von uns (nämlich von unseren Fähigkeiten, richtige Hypothesen zu entwerfen und richtige Argumente zu konstruieren) abhängen, ob etwas als eine korrekte Erklärung von etwas anderem anzusprechen ist, aber nicht vom Zufall.

Ein anderer Vorschlag für einen Ausweg aus der Schwierigkeit könnte dahin gehen, das Explanans X mit einem Index „Erklärungsgrad" zu versehen und bei Eintreten von E zu sagen, X erkläre E in hohem Grade (z. B. 0,98), im Fall des Eintretens von $\neg E$ hingegen, dasselbe X erkläre $\neg E$, jedoch nur in einem sehr niedrigen Grade (z. B. 0,02). Auf einen solchen Vorschlag wäre zu erwidern, daß hiermit wieder das Thema gewechselt worden sei. Seit W. Dray ist es üblich geworden, zwischen zwei Typen von Erklärungen zu unterscheiden, nämlich solchen, die auf Fragen: "why?" und solchen, die auf Fragen: "how possible?" eine Antwort zu geben versuchen. Man muß sich aber darüber im klaren sein, daß im gegenwärtigen Zusammenhang mit dem Übergang vom why-Fall zum how-possible-Fall der Erklärungsanspruch *außerordentlich verdünnt* wird: Man beansprucht ja *nicht* mehr, dasjenige, was sich ereignet hat, *in dem Sinn zu erklären, daß man angibt, warum es stattfand und nicht nicht stattfand*, sondern begnügt sich mit der viel bescheideneren Aufgabe, *zu erklären, wieso das, was sich ereignete, möglich war*. Nun: eine noch so niedrige Wahrscheinlichkeit für sein Eintreten zeigt natürlich seine *Möglichkeit*. Mit der Verdünnung des Erklärungsanspruches verschwindet auch die Paradoxie. Für den ‚wie-möglich-Fall' wäre ja sogar eine noch schwächere Information als Erklärung ausreichend, nämlich in unserem Fall *die Feststellung, daß kein deterministisches Gesetz existiert, welches das Eintreten von E ausschließt.*[4]

Wie man sich auch dreht und wendet, *entweder* die Paradoxie bleibt bestehen *oder* ihre Beseitigung ist nur eine scheinbare, da das Thema gewechselt und der ursprüngliche an die Erklärung gestellte Anspruch abgeschwächt wird: zu erklären ist nicht mehr das fragliche Ereignis, sondern entweder *die Rationalität der Erwartung* des Eintreffens dieser Ereignisses oder sogar nur *die Möglichkeit des Eintreffens* dieser Ereignisses.

Um einer eventuellen Mißdeutung vorzubeugen, sei schon jetzt darauf hingewiesen, daß hauptsächlich wegen dieses Paradoxons der Begriff der statistischen Erklärung eines Ereignisses preisgegeben werden wird. Dies ist *nicht* gleichbedeutend mit einer Preisgabe des ‚*argumentativen Gesichtspunktes*'. Auch wir werden später so etwas wie ein ‚statistisches Argument' zulassen. Die ‚Conclusio' eines solchen Argumentes wird allerdings nicht eine Tatsache beschreiben, sondern nur eine *mögliche* Tatsache oder einen *Sachverhalt*. Das statistische Argument dient nur mehr dazu, *eine rationale Erwartung zu begründen*. Daß die Paradoxie dann nicht mehr auftreten wird, kann man sich schon jetzt durch die folgende Überlegung klarmachen: Die Erwartung wird entweder enttäuscht werden oder nicht enttäuscht werden. Vorkommen kann beides. *Die Enttäuschung einer Erwartung ist jedoch kein Indiz dafür, daß die Erwartung irrational war.* Auch eine rationale Erwartung kann enttäuscht werden. Diese Überlegung wird eine Verbindung herzustellen gestatten zwischen dem Thema „Statistisches Schließen" und dem Hempelschen Explikationsversuch, der im Prinzip für dieses Thema angemessen ist.

(II) Das Paradoxon der irrelevanten Gesetzesspezialisierung. Ich frage: „Warum ist Herr *X* im vergangenen Jahr nicht schwanger geworden?" Die Antwort lautet: „Weil er regelmäßig die Antibabypillen seiner Frau eingenommen hat; und weil kein Mann, der regelmäßig die Pille einnimmt, schwanger wird."

Ein anderes Beispiel aus dem alten China: Nach einer Mondfinsternis kam der Mond wieder zum Vorschein. Die Erklärung dafür lautet, daß die Leute großen Lärm gemacht und Feuerwerkskörper abgeschossen hätten und daß der Mond nach einer Mondfinsternis immer wieder zum Vorschein komme, wenn man großen Lärm mache und ein Feuerwerk veranstalte.[5]

---

[4] Dray hatte allerdings eine andere pragmatische Situation vor Augen, nämlich den Fall, daß der Fragende in seinem Hintergrundwissen von falschen Annahmen ausgeht und daß der Befragte in seiner Antwort diese Annahmen deutlich formuliert und ihre Unrichtigkeit nachweist.

[5] Diese und ähnliche Beispiele finden sich bei Salmon, "Statistical Explanation", S. 178.

Grauenvolle Beispiele wie diese lassen sich beliebig vermehren. Das Schlimme an diesen Beispielen ist dies, *daß die bekannten Explikationsversuche von erklärenden Argumenten derartige ‚Erklärungen' ausnahmslos als gültig zulassen würden,* sofern die singuläre Prämisse des Explanans richtig ist. So ist es ja z. B. eine nicht zu leugnende Wahrheit, daß kein Mann, der regelmäßig die Pille einnimmt, schwanger wird, so daß man sich für die Erklärung außer auf die singuläre Prämisse auf diese generelle Wahrheit berufen zu können scheint.

In diesen Beispielen wurde nicht an statistische Hypothesen appelliert, sondern an strenge Regularitäten. Die Beispiele lehren daher, daß die zur Diskussion stehende Schwierigkeit im deduktiv-nomologischen Fall ebenso auftritt wie im statistischen. Die verbreitete Auffassung, wonach in einer Erklärung auch ein Appell an ein möglichst spezielles Gesetz zulässig sei, ist somit unzutreffend. Die Regularitäten, auf welche sich die obigen ‚Erklärungen' beriefen, enthalten *irrelevante Spezialisierungen* der Gesetzesprämisse. Und die offenkundigen Absurditäten, die den ‚Erklärungen' anhaften, beruhen auf unserem Wissen um diese Irrelevanz.

Noch ein statistisches Beispiel: Herr X wurde von seiner Neurose N zwei Jahre nach deren ersten Auftreten befreit. Es wird der Erklärungsvorschlag unterbreitet, daß X sich zwischendurch einer intensiven psychoanalytischen Behandlung unterzog und daß 89% aller Personen, die von einer Neurose der Art N befallen werden und sich darauf einer psychoanalytischen Behandlung unterziehen, von den neurotischen Symptomen befreit werden.

Dieser Fall unterscheidet sich von den anderen nicht allein dadurch, daß die benützte Gesetzmäßigkeit eine bloß statistische Regularität ist, *sondern daß wir selbst bei Annahme der Wahrheit dieser Regularität nicht wissen, ob eine brauchbare Erklärung vorliegt oder nicht.* Sollte eine irrelevante Gesetzesspezialisierung vorliegen, so müßten wir ebenso wie in den beiden anderen Fällen den Erklärungsanspruch zurückweisen: Ein Mann wird nicht schwanger, ob er nun die Pille einnimmt oder nicht. Der Mond kommt nach einer Mondfinsternis wieder zum Vorschein, ob Menschen Lärm produzieren oder nicht. Sollte analog gelten, daß 89% aller Menschen, welche von N befallen werden, nach zwei Jahren davon wieder befreit sind, gleichgültig, ob sie sich psychoanalytisch behandeln ließen oder nicht, so wäre die statistische Erklärung ebenso hinfällig wie die beiden nichtstatistischen; *denn dann würde man wissen, daß die psychoanalytische Behandlung ohne kausale Relevanz für die Heilung gewesen ist.* Eine etwaige Erfolgsmeldung eines Psychoanalytikers, welche sich nur auf das erste Beobachtungsdatum stützte, wäre durch dieses Resultat einer erweiterten empirischen Untersuchung, die sich auf behandelte *und nicht behandelte* Fälle erstreckt, offenbar entwertet.

(III) Das Informationsdilemma (oder das Dilemma der *fehlenden* Informationen). Ob Tabellen, die über historische Vorgänge referieren, bloße

Berichte sind oder darüber hinaus hypothetische Annahmen darstellen, hängt von dem *Gebrauch* ab, den man von ihnen macht. Sterbetafeln für einzelne Landstriche und Berufe scheinen zur ersten Kategorie zu gehören. Dann könnten sie nur zur Information für die Toten benützt werden. Bereits Verstorbene brauchen jedoch keine Information mehr. Sterbetafeln dienen zur Information für die Lebenden und sind daher keine bloßen statistischen Berichte, sondern enthalten die für uns Lebenden wichtige, prognostisch verwertbare hypothetische Komponente.

H. M., ein *Münchner Schuster*, möchte seine Lebenserwartung einschätzen. Es stehen ihm als Informationsquelle zwei Tabellen zur Verfügung. Aus der einen Tabelle kann er die Lebenserwartung *Bayerischer Schuster* entnehmen, aus der anderen die Lebenserwartung *Münchner Handwerker*. Leider weichen die auf den beiden Tabellen angegebenen Werte der Lebenserwartung voneinander ab. Da jeder Schuster ein Handwerker und jeder Münchner ein Bayer ist, steht er vor einem Dilemma: er scheint mit demselben Recht die eine wie die andere Informationsquelle benützen zu können. Was soll er also tun?

Man erkennt unschwer, daß es sich hier um diejenige Schwierigkeit handelt, die HEMPEL *das Problem der Mehrdeutigkeit der statistischen Erklärungen* bzw. *Systematisierungen* nennt. Unterschiedlich ist nur die Art der Darstellung. Während HEMPEL die Schwierigkeit in der Weise schildert, daß man prima facie den Eindruck gewinnt, es stünden uns *zu viele* Informationen zur Verfügung und wir wissen nicht, auf welche wir uns stützen sollen, haben wir eben die Sache gleich so dargestellt, daß das *Fehlen* einer relevanten Information zutage tritt[6].

(IV) Das Erklärungs-Bestätigungs-Dilemma. Für die Formulierung dieser Schwierigkeit knüpfen wir an den naheliegendsten Lösungsversuch des in (III) angeführten Problems an. Dieser Lösungsversuch ist erstmals provisorisch von REICHENBACH vorgeschlagen und später von HEMPEL systematisch ausgearbeitet worden[7]. Der leitende intuitive Gedanke ist dabei der, daß man sich *auf die schärfste statistische Information* zu stützen habe oder, anders ausgedrückt, daß das statistische Gesetz $P(G,F) = r$ mit der *engsten Bezugsklasse* F zugrundezulegen sei. Die Bemühungen Hempels um eine präzise Explikation dieses Gedankens spiegeln die außerordentlichen Schwierigkeiten wider, diesen scheinbar recht einfachen und plausiblen Gedanken auf solche Weise zu präzisieren, daß er weder ungewünschte Fälle einschließt noch gewünschte Fälle ausschließt.

---

[6] Über die sehr gründlichen Ausführungen HEMPELS zu diesem Punkt und die von ihm gegebenen Illustrationen habe ich ausführlich in Kap. IX von Bd. I referiert, insbesondere auf S. 631–636 und S. 657–659.

[7] Vgl. vor allem REICHENBACH, [Probability], die beiden letzten Absätze von S. 374 sowie den ersten Absatz von S. 375. Die ursprüngliche Fassung von HEMPELS Regel habe ich in Bd. I als Regel (*MB*), S. 668f., geschildert und die verbesserte Fassung als Regel (MB_1) auf S. 697. An diesen Stellen finden sich auch die weiteren Literaturangaben.

Setzen wir aber für den Augenblick diese Explikation als geglückt voraus. Dann liegt die Antwort auf die Frage in (III) auf der Hand: Herr H. M. kann *gar nichts* tun, d. h. er kann vorläufig überhaupt keine vernünftige Mutmaßung über seine Lebenserwartung aufstellen. Er kann dies erst dann tun, wenn ihm eine statistische Hypothese über die Lebenserwartung *Münchner Schuster* zur Verfügung steht, auf die er sich stützen kann. Denn dies ist die im vorliegenden Fall benötigte schärfere Information.

Anmerkung. Wir setzen hierbei voraus, daß die Hempelsche Regel der maximalen Bestimmtheit dies zuläßt. Es *könnte* nämlich der Fall sein, daß aufgrund dieser Regel selbst die erwähnte Informationsverbesserung nicht ausreicht, z. B. weil H. M. ein zusätzliches, für seine Lebenserwartung statistisch relevantes empirisches Merkmal F besitzt. Für dieses Merkmal F würde dann gelten, daß die Lebenserwartung Münchner Schuster *nicht* zusammenfällt mit der Lebenserwartung Münchner Schuster, *die außerdem das Merkmal F besitzen*.

Daß die benötigte statistische Information zur Verfügung gestellt wird, ist nicht auszuschließen. Daß man das Problem, welches sich hier auftut, nicht sofort erkennt, hat seinen Grund darin, daß München eine ziemlich große Stadt ist, für die sich vielleicht ein statistisches Gesetz von der gewünschten Art gewinnen läßt. Die Schwierigkeit wird dagegen offenkundig, wenn man zu einem wesentlich kleineren Ort übergeht, sagen wir zu Leutstetten. Wir wollen annehmen, daß dort nur ein Schuster X und sonst überhaupt kein Handwerker lebte, der eben verstorben ist, und daß H. M. eben dessen Platz einnimmt.

Wir wollen nicht übersehen, daß in einer bestimmten Hinsicht jetzt eine wesentlich bessere Information vorliegt. Zum Vergleich ziehen wir die Aussage über die Lebenserwartung bayerischer Schuster heran. Für diese Aussage wurden sicherlich *nicht alle* bayerischen Schuster getestet, die je gelebt haben. Man wird vielmehr, wie dies in der Statistik üblich ist, *eine für ganz Bayern repräsentative Stichprobe*[8] ausgewählt haben, so daß zwei sich überlagernde Hypothesen vorliegen: eine durch ‚statistischen Schluß von der Stichprobe auf die Gesamtheit' gewonnene Hypothese darüber, in welchem durchschnittlichen Alter bayerische Schuster *bisher* verstorben sind; und eine zweite Hypothese, welche besagt, daß die durchschnittliche Lebensdauer bayerischer Schuster *auch in Zukunft* dieselbe bleiben wird wie bisher. Ähnlich möge es sich bezüglich der Münchner Handwerker verhalten.

Beim Übergang von München nach Leutstetten fällt die erste Schwierigkeit hinweg. Denn hier stehen uns das genaue Geburts- und Sterbedatum von X zur Verfügung. Leider ist dies für unseren Zweck ohne Wert. Denn wir wollen ja nicht dem Herrn X seine (nun nicht mehr mutmaßliche, sondern absolut sichere) Lebenserwartung ins Grab nachschicken, sondern Herrn H. M. aufgrund verfügbarer statistischer Daten eine *Voraussage* für

---

[8] Bezüglich dieses Begriffs vgl. Teil III, Abschnitt 8.

seine Lebenserwartung ermöglichen. Dafür aber ist eine Statistik, die sich nur auf einen einzigen Fall stützt, natürlich viel zu schmal.

Abstrakt und allgemein formuliert, ist unser Dilemma folgendes: Solange man nur die *Anwendung* statistischer Gesetze für Erklärungen, Prognosen und andere ‚statistische Systematisierungen' im Auge hat, erscheint es als vernünftig, an der Forderung nach *möglichst enger* Bezugsklasse bzw. nach *möglichst scharfer Information* festzuhalten. Das Bild wandelt sich jedoch sofort, wenn man vom Erklärungskontext zum Bestätigungskontext hinüberwechselt: Da statistische Gesetze weder vom Himmel fallen noch durch Apriori-Betrachtungen verifiziert werden können, müssen sie *empirisch bestätigt* sein. Für eine gute Bestätigung wird man aber — wie immer der Bestätigungsbegriff im einzelnen expliziert werden mag — eine möglichst breite Erfahrungsbasis und damit eine *möglichst umfassende* Bezugsklasse verlangen müssen. *Die Forderung nach guter Bestätigung und die Forderung nach zuverlässiger prognostischer Verwertbarkeit drängen in entgegengesetzte Richtungen.* Die erstere tendiert nach möglichster Erweiterung unserer Bezugsklassen, die letztere nach möglichster Einengung dieser Klassen[9].

(V) **Das Paradoxon der reinen ex post facto Kausalerklärung.** Auch die jetzt zu schildernde Schwierigkeit weist auf eine Verflechtung der Erklärungsprobleme mit den Problemen der Bestätigung hin; doch handelt es sich um einen andersartigen Zusammenhang als im vorigen Fall.

Angenommen, ich gehe mit einem alten Griechen *GR* übers Land. Plötzlich, scheinbar aus heiterem Himmel, blitzt es. Ich reagiere darauf verwundert: „warum hat es da geblitzt?" *GR* antwortet: „weil Zeus zornig ist". Ich: „woher weißt du das?" *GR*: „du siehst doch, es hat geblitzt!"

Wir empfinden *GR*'s zweite Antwort irgendwie als zirkulär, obzwar sie dies, streng logisch gesehen, nicht ist. Die erste Antwort enthält einen Erklärungsversuch, die zweite Antwort eine (etwas seltsame) Bestätigung des Explanans der ersten Antwort. Was uns als zirkulär erscheint, ist die Tatsache, daß die Bestätigung des *ganzen* Explanans *ausschließlich* durch Berufung auf das Explanandum erfolgt.

Der Anschein des Zirkels verschwindet, wenn man Fälle betrachtet, in denen *nur* die *singuläre* Prämisse des Explanans aus dem Explanandum erschlossen bzw. durch dieses bestätitgt wird. Ein gutes Beispiel von dieser Art gibt R. Jeffrey[10]. *X* habe mehrere Kinder. Das erste Kind, welches *X* bekam, war ein Knabe. Jemand fragt *X*: „*warum* ist dein erstes Kind ein Knabe geworden?" Unter Vorwegnahme einiger späterer Betrachtungen können wir sagen, daß auf diese Frage zwei Antworten möglich sind. *Ent-*

---

[9] Auch diese Schwierigkeit ist bereits bei Reichenbach angedeutet. Explizit betont wird sie von Salmon in: "Statistical Explanation", S. 185, wo es heißt: "It seems that we are being directed to maximize two variables that cannot simultaneously be maximized."

[10] [Statistical Inference], S. 110.

weder der Befragte gibt sich mit einer ‚statistischen Antwort' zufrieden. Da die Wahrscheinlichkeit dafür, daß eine Geburt eine Knabengeburt ist, ungefähr 1/2 beträgt und da außerdem bei (genauer oder ungefährer) Gleichwahrscheinlichkeit kein vernünftiger Grund dafür angebbar ist, warum sich das eine und nicht das andere ereignete, müßte die Antwort auf der statistischen Ebene lauten: „ich kann keinen Grund nennen; *es war reiner Zufall.*"

Die statistische Analyse bildet aber im vorliegenden Fall nur eine *Oberflächenanalyse*. Wir haben es hier nicht, wie z. B. in der Quantenphysik, mit einer irreduziblen statistischen Gesetzmäßigkeit zu tun. Vielmehr liegt der statistischen Regularität eine kausale zugrunde, die dem heutigen Genetiker bekannt ist und an die man ebenfalls hätte appellieren können. Der Befragte hätte daher eine kausale Begründung geben können, die in alltagssprachlicher Kurzfassung etwa so gelautet hätte: „weil die Samenzelle, die ich zu der Eizelle beitrug, aus der sich mein erstes Kind entwickelte, vom Y-Genotyp war." Diese Antwort liefert implizit eine *kausale Tiefenanalyse*, deren explizite Fassung im folgenden ‚deduktiv-nomologischen Argument' besteht:

A: Die von X stammende Samenzelle, die sich mit der Eizelle vereinigte, um den Zygoten zu bilden, aus dem sich das erste Kind von X entwickelte, war vom Y-Genotyp.

G: Wenn immer sich eine Samenzelle vom Y-Genotyp mit einer Eizelle vereinigt, um den Zygoten zu bilden, aus dem sich ein Kind entwickelt, so ist das Kind ein Knabe.

E: Das erste Kind von X war ein Knabe.

Diese Tiefenanalyse liefert eine korrekte kausale Erklärung. Die Paradoxie liegt in folgendem: Während es zwar *logisch denkbar* ist, daß A vor dem Wissen um E gewußt wurde, *wird in allen praktischen Lebenssituationen, in denen sich ein Mensch befindet, die Wahrheit von A erst aus der Wahrheit von E erschlossen werden können*. Sofern man dies zugesteht, gibt man damit zugleich zu, daß diese Erklärung nur *im nachhinein* möglich war und daß sie daher unter anderen pragmatischen Zeitumständen *nicht als Voraussage hätte verwendet werden können*. Dies liefert eine neuerliche Erschütterung der ‚These von der strukturellen Gleichheit von Erklärung und wissenschaftlicher Voraussage'. Der Grund für diese Erschütterung ist jedoch überraschenderweise von der *umgekehrten* Natur als derjenigen, an die man sich aufgrund der bisherigen kritischen Diskussionen der strukturellen Gleichheitsthese bereits gewöhnt hat.

Prima facie scheint nur diese umgekehrte Annahme plausibel zu sein, nämlich daß es rationale Prognosen gibt, die bei anderen pragmatischen Umständen keine Erklärungen liefern. Für die ausführliche Begründung dieser These sowie für eine Präzisierung der Voraussetzungen, unter denen die These von der strukturellen Gleichheit überhaupt diskutiert werden kann, vgl. Bd. I, [Erklärung und Begründung], Kap. II. Auf eine kurze Formel gebracht, sind die Fälle rationaler Prognosen, die nicht für Erklärungszwecke verwendbar sind, Voraussagen aufgrund von *Symptomen* (z. B. beginnender Krankheit), aufgrund von *Indikatoren* (z. B. Barometerfall als Anzeichen für kommende Wetterverschlechterung) sowie aufgrund von *Wissen aus zweiter Hand* (z. B. Mitteilungen kompetenter Wissenschaftler).

Als *Faustregel* für die Unterscheidung rationaler Voraussagen, die bloße Vernunftgründe liefern, von solchen, die Ursachen angeben und die daher zu einem späteren Zeitpunkt als Erklärungen verwendet werden könnten, läßt sich die folgende aufstellen: Würde das Argument zugunsten von E, sofern es erstens später als E und zweitens in vorheriger Unkenntnis der Wahrheit von „E" vorgebracht würde, *mehr als eine Begründung für die Richtigkeit einer historischen Behauptung liefern* (nämlich der Behauptung, daß E stattgefunden hat)? Wenn Nein, so wurden bloße Vernunftgründe angegeben; wenn Ja, so lag eine Angabe von Ursachen und damit ein potentielles Erklärungs-Argument vor. Wenn ein Arzt am Tag t aufgrund körperlicher Symptome an der Person X voraussagt, daß X am Tag $t + 1$ Fieber bekommen wird, so kann man sich am Tag $t + 2$ nicht auf die vom Arzt angeführten Symptome stützen, um zu *erklären*, daß X am Tag $t + 1$ Fieber bekam. Man kann dies jedoch am Tag $t + 2$, sofern man es nicht schon weiß, *als Begründung für die Richtigkeit der zum gegenwärtigen Zeitpunkt bereits historischen Behauptung verwenden*, daß X am Tag $t + 1$ Fieber bekam. Diese alleinige nachträgliche Verwertbarkeit für die Begründung historischer Behauptungen kennzeichnet die Voraussageargumente, die keine Antworten auf Erklärungen heischende Warum-Fragen liefern. Wir sprachen von einer bloßen Faustregel, weil dieser Hinweis natürlich nicht eine Explikation des Unterschiedes von Ursachen und ‚bloßen Vernunftgründen' liefert. Vielmehr setzt der erfolgreiche Gebrauch dieser Faustregel voraus, daß derjenige, welcher diese Regel benützt, die Abgrenzung zwischen bloßen Vernunftgründen und Ursachen zwar ‚instinktiv', aber doch *korrekt* vornimmt.

Den Anstrich der Paradoxie erhält das Erklärungs-Argument (1) gerade dadurch, daß hier *eine Ursache* angegeben wird, *die als Vernunftgrund in einem prognostischen Argument nicht zur Verfügung gestanden wäre*. Während man gewöhnlich geneigt sein dürfte, ex-post-facto-Erklärungen als pseudowissenschaftlich abzutun, scheint (1) eine völlig korrekte Erklärung darzustellen.

Einen Unterschied können wir sofort angeben: Während dort *das gesamte Explanans* nur durch das Explanandum gestützt wurde, gilt dies in (1) nur für die Prämisse A. Die Gesetzesprämisse G hingegen wird als *unabhängig von* (1) *gut bestätigt vorausgesetzt*[11].

(VI) Das Verzahnungsparadoxon (das Paradoxon der Verzahnung von statistischen und kausalen Erklärungen). Man kann die in (V) angeführte Schwierigkeit auch unter einem anderen Gesichtspunkt betrachten. Dort haben wir unsere Aufmerksamkeit allein auf die merkwürdige Tatsache konzentriert, daß die für eine kausale Tiefenerklärung, welche die statistische Analyse ablösen soll, erforderlichen Daten erst nach Bekanntwerden des Explanandums verfügbar sind. Statt dessen kann man die nicht weniger seltsame Verquickung von statistischen und kausalen Erklärungen zum Gegenstand machen. Wir können noch kompliziertere Fälle betrachten als

---

[11] Einen ähnlichen Fall hat bereits HEMPEL in [Aspects], S. 372f., behandelt.

dort. Dadurch werden sich weitere seltsame Dinge ergeben. Insbesondere wird diese Verquickung zur Folge haben, daß die durch zusätzliche Informationen ermöglichte weitere Analyse einige der früher erwähnten Probleme, z. B. das in (I) angeführte, erst hervorruft. Dies bedeutet nichts Geringeres als *daß Wissensvermehrung statt zur Problemlösung zur Problemvergrößerung beitragen kann.*

Verweilen wir zunächst noch für einen Augenblick bei dem durch das Argument (1) von (V) illustrierten Fall. Wenn wir davon ausgehen, daß es nur zwei Geschlechter gibt, so können wir uns, noch *bevor* E *bekannt ist*, einen systematischen Überblick über alle möglichen kausalen Erklärungen verschaffen. Aufgrund unseres *biologischen Hintergrundwissens* reduzieren sich diese Möglichkeiten sogar auf zwei: das Kind kann nur entweder ein Knabe oder ein Mädchen sein. Sollte letzteres der Fall sein, so würden wir A durch A^* mit „X-Genotyp" statt „Y-Genotyp" ersetzen und statt G ein anderes biologisches Gesetz G^* aus der Kiste des akzeptierten Wissens hervorziehen, das aus G durch Vertauschung von „Y-Genotyp" mit „X-Genotyp" und „Knabe" mit „Mädchen" hervorgeht und welches den Schluß auf E^* gestattet, welches lautet: „Das erste Kind von X war ein Mädchen". Nennen wir diesen ganzen Schluß zum Unterschied von (1) das Argument (1*).

Was hier vorliegt, ist folgendes: Vor der Geburt ist uns aufgrund statistischen Hintergrundwissens zweierlei bekannt: erstens, daß wir wegen der statistischen Regelmäßigkeit, betreffend Knaben- und Mädchengeburten, immer werden sagen können: „durch Zufall", *gleichgültig, was sich tatsächlich ereignen wird.* Zweitens, und dies ist der wichtige Punkt, *daß nur zwei mögliche kausale Erklärungen in Frage kommen,* nämlich *nur* (1), falls nach erfolgter Geburt E verifiziert wird, hingegen *nur* (1*), sofern E^* verifiziert wird. Wegen der bekannten statistischen Regelmäßigkeit hätte man bereits vor der Geburt *eine Wette darüber* abschließen können, *welche Erklärung die richtige sein wird.* Diese Wette wäre — und auch dies hätten wir bereits damals gewußt — eine *faire* Wette gewesen, wenn der Wettquotient ungefähr 1/2 betragen hätte. Würde ein Verfahren entdeckt, um A bzw. A^* unabhängig von E bzw. E^* zu verifizieren (z. B. durch eine verbesserte Kombination von Elektronenmikroskopie mit Röntgendiagnostik), so wäre auch etwas möglich geworden, was uns beim heutigen Stand unseres Wissens nicht möglich ist: Wir hätten je nach Ausgang der Untersuchung *als prognostisches Kausalargument* (1) *oder* (1*) verwenden können, um entweder E oder E^* vorauszusagen.

Der wichtige Aspekt ist jedoch der, daß das, was wir die statistische Oberflächenanalyse nannten, *genau zwei potentielle Kandidaten für kausale Tiefenerklärungen überlagert.*

Demgegenüber kann es der Fall sein, daß auch die Tiefenanalyse wieder nur zu *statistischen* Aussagen führt. Wenn wir eine homogene Münze M_0 mit Gleichwahrscheinlichkeit für *Kopf* und *Schrift* werfen, so wird uns, was immer sich bei einem Wurf ereignet, überhaupt keine Tiefenanalyse zur Verfügung stehen. Angenommen jedoch, wir benützen diese Münze nur als *Hilfsmechanismus*, als sog. *Randomizer*, zu dem zwei weitere *verfälschte* Münzen hinzutreten: eine Münze M_1 mit einer Wahrscheinlichkeit von 0,95 für *Kopf* und eine zweite Münze M_2 mit einer Wahrscheinlichkeit von 0,05 für *Kopf*. Das Zufallsexperiment soll sich nun in der folgenden Weise aus Würfen mit den drei Münzen zusammensetzen. Zunächst werfe man M_0; wenn *Kopf* erscheint, dann werfe man M_1 und notiere das Ergebnis; erscheint hingegen *Schrift*, so werfe man M_2 und notiere abermals das Ergebnis. Auf lange Sicht wird man ebenso wie in dem Fall, wo nur M_0 benützt wurde, gleichviel Kopfwürfe wie Schriftwürfe erhalten.

Wenn uns in einem konkreten Einzelfall keine weitere Information zur Verfügung steht, als die, daß dieses komplexe Experiment durchgeführt worden ist, so erhalten wir für beide Ausgänge dieselbe Wahrscheinlichkeit 1/2. Wenn die zusätzliche Information hinzutritt, daß der zweite Wurf bei der Realisierung dieses Experimentes mit M_1 gemacht worden ist, so erhöht sich die Wahrscheinlichkeit von *Kopf* von 0,5 auf 0,95. Nennen wir die erste Wahrscheinlichkeit Ausgangswahrscheinlichkeit und die zweite Endwahrscheinlichkeit. Wird wirklich *Kopf* geworfen, so können wir sagen: Da sich die in bezug auf den möglichen Ausgang indifferente Ausgangswahrscheinlichkeit 0,5 zu der wesentlich höheren Endwahrscheinlichkeit 0,95 erhöht hatte, war das, was sich tatsächlich ereignet hat, rational zu erwarten. Angenommen jedoch, *Kopf* wird geworfen, obwohl der zweite Wurf, wie wir erfahren, mit M_2 erfolgte. Diesmal hatte sich dieselbe Ausgangswahrscheinlichkeit 0,5 zur Endwahrscheinlichkeit 0,05 verringert. Die zusätzliche Information, welche wir erhielten — nämlich daß der zweite Teil des Zufallsexperimentes mit M_2 vorgenommen wurde —, erleichtert somit nicht unsere statistische Analyse des Vorkommens, sondern erschwert sie. Denn jetzt sind wir zusätzlich mit dem in (I) angeführten Problem konfrontiert: *Es hatte sich etwas ereignet, das vernünftigerweise nicht zu erwarten war.* Im übrigen aber ist die Situation dieselbe wie im vorigen Fall: Man hätte vor Erhalt der Zusatzinformation eine faire Wette mit dem Wettquotienten 1/2 abschließen können, daß *Kopf* erscheinen wird.

Auch hier also überlagert die statistische Oberflächenanalyse zwei Tiefenanalysen. Es bestehen aber zwei wesentliche Unterschiede gegenüber dem vorigen Fall: Erstens könnte auch nach Kenntnis des Explanandums kein sicherer, sondern höchstens ein probabilistischer Schluß darauf gemacht werden, welche statistische Gesamtanalyse die richtige ist (nämlich die mit M_1 oder die mit M_2 im zweiten Schritt). Zweitens scheint die Informationsverschärfung in einem der beiden Fälle (nämlich: Benützung von M_2 im zweiten Schritt) nicht zu einer *Verbesserung*, sondern zu einer *Verschlechterung* der Situation für die statistische Analyse zu führen, da erst diese zusätzliche Information das ‚Paradoxon der Erklärung des Unwahrscheinlichen' erzeugt. (Daß wir hier mehrmals den Ausdruck „Analyse" statt „Erklärung" verwendet haben, beruht auf einer Antizipation späterer Überlegungen.)

Die beiden geschilderten Fälle unterscheiden sich dadurch, daß auf Grund des verfügbaren Hintergrundwissens einmal zwei *kausale* Erklärungen als potentielle Kandidaten auftreten, das andere Mal hingegen zwei *statistische* Analysen. Es ist, wie JEFFREY, a. a. O. S. 111, andeutet, noch ein dritter Typ von Fällen möglich. Nach unserer Sprechweise müßten wir diesen Typ folgendermaßen beschreiben: Die statistische Oberflächenanalyse *überlagert genau zwei potentielle Kandidaten für eine Tiefenanalyse, von denen der eine in einer statistischen Analyse, der andere hingegen in einer kausalen Erklärung besteht.*

Das Beispiel ist folgendes: In zwei Schachteln befinden sich je eine Münze, eine in dem doppelten Sinn normale, daß für beide Seiten die Gleichwahrscheinlichkeit des Auftreffens gilt (Laplace-Wahrscheinlichkeit), und daß sie auf der einen Seite *Kopf* und auf der anderen *Schrift* aufweist. Die zweite Münze dagegen enthalte auf *beiden* Seiten *Kopf*. (Ob diese zweite Münze homogen ist oder nicht, spielt natürlich keine Rolle.) Wieder wird eine dritte homogene und normale Münze *M* als Hilfsmechanismus benützt; außerdem eine Hilfsperson *H*, die mit dieser Münze operiert[12]. Wenn *H* mit *M Kopf* wirft, dann nimmt *H*, ohne daß der eigentliche Spieler es merkt, die in der ersten Schachtel befindlichen Münze und wirft sie. Der Spieler stellt das Resultat fest, darf jedoch die rückwärtige Seite der Münze nicht überprüfen. *H* legt die Münze in dieselbe Schachtel zurück, aus der er sie herausgenommen hatte. Wenn *H* mit *M Schrift* wirft, so wird die analoge Prozedur mit der zweiten Münze vorgenommen.

Vor Durchführung des Spiels ist nur die folgende Oberflächenanalyse möglich: die Wahrscheinlichkeit dafür, daß der eigentliche Spieler *Kopf* feststellen wird, beträgt 3/4; die Wahrscheinlichkeit dafür, daß er *Schrift* feststellen wird, beträgt 1/4.

Betrachten wir nun die Situation nach erfolgter Beobachtung, also *bei Kenntnis des ‚Explanandums'*. Zum Unterschied von den vorigen Fällen müssen wir diesmal differenzieren, je nachdem, welche von zwei Möglichkeiten eintritt.

1. Möglichkeit: Der Spieler stellt fest, daß ein Wurf *Schrift* vorliegt. Er weiß nun mit Sicherheit, daß der zweite Wurf mit der homogenen Münze vorgenommen worden ist. Er kann im nachhinein eine statistische Tiefenanalyse vornehmen, die beinhaltet, daß das Ergebnis das Resultat zweier unabhängiger Würfe mit homogenen Münzen war, so daß sich etwas ereignete, das die Gesamtwahrscheinlichkeit $1/2 \cdot 1/2 = 1/4$ besitzt. Wir wollen

[12] Die Hilfsperson *H* wird nur zu dem Zweck eingeführt, um das Spiel beliebig oft wiederholbar zu machen. Dafür muß *H* gewisse Operationen durchführen, von denen der eigentliche Spieler nichts erfahren darf.

jedoch annehmen, daß er sich nur für die zweite Hälfte interessiert (d. h. der Wurf mit *M* und das Herausnehmen einer Münze aus einer Schachtel durch *H* war nur Teil des vorangehenden und ihn nicht interessierenden Hilfsprozesses). Dann hat der Spieler etwas beobachtet, was das Ergebnis eines Zufallsprozesses mit der Wahrscheinlichkeit 1/2 war.

2. Möglichkeit: Der Spieler beobachtet *Kopf*. Hier ist die Sachlage weiterhin kompliziert. Zwei Möglichkeiten bestehen, die — bei Beschränkung auf die zweite Hälfte des Prozesses — so beschreibbar sind: Entweder der Wurf wurde mit der verfälschten Münze vorgenommen, die auf beiden Seiten *Kopf* enthält. Oder der Wurf erfolgte mit der normalen Münze. Für beide Möglichkeiten besteht die Wahrscheinlichkeit 1/2. Nach erfolgter Beobachtung *Kopf* hätte er somit eine *faire Wette* mit dem Wettquotienten 1/2 darüber abschließen können, ob sich der eine oder der andere Fall ereignet. *Die beiden Konkurrenten sind diesmal eine kausale Erklärung und eine statistische Analyse*. Sofern die Kausalhypothese stimmt, *hätte das Ergebnis mit Sicherheit vorausgesagt werden können;* im statistischen Fall hingegen *hätte man nur eine Gleichverteilungsprognose* für *beide* Alternativen *Kopf* und *Schrift aufstellen können.*

(VII) Das Erklärungs-Begründungs-Dilemma. Die folgenden Überlegungen stellen eine gewisse Parallele zu den Betrachtungen dar, die in Bd. I, [Erklärung und Begründung], auf S. 760ff. angestellt wurden. Im Rahmen der Schilderung des Explikationsversuchs von Käsbauer ist dort gezeigt worden, *daß alle Explikationsversuche des deduktiv-nomologischen Erklärungsbegriffs in Wahrheit Versuche darstellten, einen allgemeineren Begründungsbegriff zu explizieren.* Während die ersteren Antworten auf *Erklärung heischende* Warum-Fragen darstellen sollten, liefern die letzteren nur Antworten auf *epistemische* Warum-Fragen. So gibt z. B. eine rationale Prognose in der Regel nur eine Antwort darauf, warum etwas zu erwarten ist, liefert also eine rationale *Begründung* für eine Erwartung. Sie braucht damit keineswegs, wie die in (V) erwähnten Beispiele zeigen, auf die ‚wahren Ursachen' Bezug zu nehmen. Der in Bd. I erörterte Sachverhalt wurde an der angegebenen Stelle zusätzlich kompliziert durch ein Gegenbeispiel von Blau gegen die bisherigen Explikationsmethoden, über welches a. a. O. S. 769 referiert wird.

Was anscheinend von vielen Lesern jenes Buches übersehen wurde, ist die Tatsache, daß damit die Versuche, den deduktiv-nomologischen Erklärungsbegriff durch die Angaben hinreichender und notwendiger semantischer und syntaktischer Bedingungen für die erklärenden Argumentformen zu präzisieren, anscheinend zu einem tödlichen Ende geführt worden sind. Denn wenn es auch nur eine einzige Argumentform *A* gibt, die bei *gewissen* Interpretationen der Prädikate (Interpretationen erster Art) eine adäquate Erklärung liefert, bei *anderen* Interpretationen der Prädikate (Interpretationen zweiter Art) hingegen keine Erklärungen, *so ist damit gezeigt, daß keiner der angestellten Versuche zum Ziele führen kann.* Denn entweder wird *A* vom Explikat mit umfaßt; dann zeigen die Interpretationen zweiter

Art von A, daß die Explikation *einen zu weiten Begriff* lieferte (da diese Fälle *nicht* einbezogen werden sollten). Oder A wird durch das Explikat aus der Klasse der zulässigen Erklärungen ausgeschlossen; dann zeigen die Interpretationen erster Art, daß das Explikat *zu eng* ist (denn Fälle dieser Art sollten einbezogen werden).

Die Konsequenz, die man im deduktiv-nomologischen Fall daraus zu ziehen hat, ist jedoch nicht, daß die vorliegenden Explikationsversuche uninteressant und wertlos sind. Vielmehr müssen wir, auf eine etwas vereinfachte Formel gebracht, zwei Schlüsse ziehen: erstens daß in *keinem* dieser Explikationsversuche ein adäquater *Erklärungs*begriff zu präzisieren versucht wurde, *sondern ein wesentlich allgemeinerer Begründungsbegriff;* zweitens *daß es unmöglich sein dürfte, adäquate Erklärungsbegriffe ohne Heranziehung pragmatischer Gesichtspunkte zu präzisieren.*

Das folgende anschauliche Beispiel[13] soll zeigen, daß auch im statistischen Fall eine ähnliche Problemsituation entsteht. Wir sprechen unter Bezugnahme auf solche Fälle vom Erklärungs-Begründungs-Dilemma, weil Fälle von dieser Art zeigen, daß nicht jede für gewisse wissenschaftliche Systematisierungszwecke verwertbare Begründung, selbst wenn sie in ihren Prämissen eine wesentliche Bezugnahme auf richtige statistische Gesetzmäßigkeiten enthält, auch als Erklärung benützt werden kann. Es sei aber zugleich eine Warntafel errichtet: Nur das *Problem* wird zum deduktiv-nomologischen Fall parallelisiert. *Es wird nicht der Anspruch erhoben, daß auch die Lösung analog sein muß*! Wir werden später vielmehr sehen, daß die Lösung im statistischen Fall nicht nur wesentlich komplizierter ist, sondern vermutlich auch ganz anderen Charakter haben muß.

Beispiel 1: Der Individuenbereich bestehe aus allen Menschen. Zum Unterschied von der vereinfachenden Annahme in (V) werden die Geschlechter in drei Klassen eingeteilt: M (männlich), W (weiblich), Z (Zwitter). Die bezeichnenden Prädikate seien „M", „W" und „Z". Die Individuenkonstante „a" bezeichne den amerikanischen Präsidenten des Jahres 1971. A_t sei das verfügbare Wissen zum Zeitpunkt t, repräsentiert als Klasse der zu t akzeptierten Sätze; t sei dabei irgendein Zeitpunkt nach dem 31. XII. 1971. Es sei eine bekannte Tatsache, daß Personen mit der Eigenschaft Z sehr selten sind. Um diesen Gedanken quantitativ zu präzisieren, nehmen wir an, daß in A_t das statistische Gesetz $p(M, \neg W) = 0{,}999$ vorkomme[14]. Ferner enthalte A_t auch die beiden singulären Sätze Ma und $\neg Wa$ (d. h. der amerikanische Präsident des Jahres 1971 war ein Mann und keine Frau). Nach HEMPELS Schema der statistischen Erklärung könnte das angeführte statistische Gesetz zusammen mit $\neg Wa$ als Explanans der als Ex-

---

[13] Auch dieses Beispiel stammt von Herrn U. BLAU.

[14] Das Symbol „p" wird in diesem Teil IV für die statistische Wahrscheinlichkeit verwendet, um mit der in Bd. I, Kap. IX verwendeten Symbolik im Einklang zu bleiben.

planandum gewählten Aussage *Ma* gelten, und die ‚induktive Wahrscheinlichkeit', die das letztere stützt, wäre 0,999. (Wir haben dabei soeben vorausgesetzt, daß es sich um eine statistische Systematisierung von *Basisform* handelt; vgl. [Erklärung und Begründung], S. 652 unten und S. 653 erster Absatz. Das dortige Schema (21) wird auch den späteren Explikationsversuchen zugrunde gelegt, insbesondere der endgültigen Fassung auf S. 699 oben.)

Was ist hier geschehen? Wir haben die *bekannte Tatsache*, daß der amerikanische Präsident des Jahres 1971 männlich ist, damit erklärt, daß er nicht weiblich gewesen ist und daß die Menschen, die nicht weiblich sind, in der weitaus überwiegenden Zahl der Fälle männlich sind.

Man wird wohl Zustimmung zu der These erwarten dürfen, *daß ein derartiger Erklärungsvorschlag als absurd zurückzuweisen ist.*

Beispiel 2: Wir modifizieren lediglich die pragmatischen Umstände des ersten Beispiels. Der Zeitpunkt t sei das Jahr 9000 n. Chr. Das statistische Argument werde von einem Historiker dieses Jahres vorgenommen. *Ma* komme in A_t nicht vor, unser Historiker kenne also noch nicht das Geschlecht des US-Präsidenten von 1971. Außerdem nehmen wir an, daß der Forscher über so wenige Informationsquellen verfügt, daß er das Geschlecht auch nicht aus irgendwelchen anderen als den eben genannten Daten indirekt erschließen kann, z. B. daraus, daß alle vorangegangenen US-Präsidenten männlichen Geschlechtes waren usw. Dagegen mögen ihm die beiden anderen Informationen, nämlich das obige statistische Gesetz sowie die singuläre Aussage $\neg Wa$, zur Verfügung stehen.

Anmerkung. Die genannte statistische Regularität braucht zur Zeit t nicht mehr zu gelten. Es genügt, daß unserem Historiker ihre Gültigkeit für das Jahr 1971 n. Chr. bekannt ist.

Darüber, wie der Historiker zum Wissen um $\neg Wa$ gekommen ist, ohne zu wissen, daß *Ma*, kann man verschiedene plausible Annahmen machen, z. B. die folgende: Angenommen, auf Personen mit den Merkmalen *M* und *Z* beziehe man sich im Schriftwechsel mit „er" bzw. „he". Unser Historiker besitze schriftliche Unterlagen, aus denen hervorgeht, daß man sich auf den US-Präsidenten von 1971 mit „he" bezog.

Das *für Erklärungszwecke* als absurd zurückgewiesene Argument des ersten Beispiels kann nun *als nützliches Begründungsargument* von unserem Historiker verwendet werden: Er schließt auf das ihm zunächst unbekannte Geschlecht des amerikanischen Präsidenten daraus, daß dieser Präsident nicht weiblich war und daß zu unserer Zeit Hermaphroditen sehr selten vorkamen.

Man beachte, daß sich die beiden Beispiele *nicht nur* durch die pragmatischen Zeitumstände unterscheiden. Im ersten Beispiel sollte ein Schluß auf die *bekannte* Tatsache (ein Element von A_t) gemacht werden; im zweiten Beispiel wurde hingegen ein Schluß auf eine *unbekannte* Tatsache (auf etwas, das kein Element von A_t ist) vollzogen. *Es scheint also einen wesentlichen Un-*

terschied auszumachen, ob wir statistische Gesetze dafür verwenden, um begründende Schlüsse auf bekannte Tatsachen zu ziehen oder auf Vermutungen über unbekannte Tatsachen.

(VIII) Das Dilemma der nomologischen Implikation. Die Schilderung der Schwierigkeiten (VIII), (IX) und (X) wurde zurückgestellt, weil sie an den Hempelschen Lösungsvorschlag anknüpft und eine gewisse Kenntnis dieses Vorschlags voraussetzt. Die erste Schwierigkeit wird bei SALMON, a. a. O. auf S. 193f., angeführt. Sowohl bei der ursprünglichen als auch bei der verbesserten Fassung der *Regel der maximalen Bestimmtheit* mußte für die Verwendbarkeit einer statistischen Hypothese von der Gestalt $p(G, F) = q$ in einem statistischen Argument vorausgesetzt werden, daß das in der Definition erwähnte maximal bestimmte Prädikat B (bzw. in der ‚Urfassung' das gegenüber F engere Prädikat F') weder G noch $\neg G$ logisch impliziert[15]. Diese Forderung scheint zu schwach zu sein.

Die Schwierigkeit, welche hier erwähnt werden soll, steht in einer formalen Parallele zu derjenigen, welche HEMPEL und OPPENHEIM bewogen hatte, ihren ersten Explikationsvorschlag für deduktiv-nomologische Erklärungen zu modifizieren. Um nämlich absurde Konsequenzen zu vermeiden, mußte vorausgesetzt werden, daß das Antecedenzdatum *unabhängig vom Explanandum verifizierbar* sei. Dieser Gedanke wurde dann in die syntaktische Sprechweise zu übersetzen versucht[16]. Die Überlegungen, welche später D. KAPLAN im Rahmen seines Explikationsversuches anstellte, zeigten, daß dieser ‚Übersetzungsversuch' anfechtbar ist, weil er ein zu schwaches Resultat liefert[17].

Die Analogie zum statistischen Fall ist die folgende: Wenn wir eine statistische Hypothese von der obigen Art zusammen mit der singulären Prämisse Fa benützen, um mit einer gewissen Wahrscheinlichkeit auf Ga zu schließen, *so müssen wir voraussetzen, daß wir nicht bereits unabhängig von der Berufung auf das statistische Gesetz diesen Schluß vollziehen könnten.* Dazu genügt es jedoch nicht, die beiden von HEMPEL angeführten Fälle von *logischen* Implikationen auszuschließen.

Das folgende Beispiel von SALMON liefert eine gute Illustration des Sachverhaltes[18]: Angenommen, F bezeichne die (Bezugs-) Klasse der Züge aus einer bestimmten Urne und R die Klasse der roten Kugeln. Das statistische Gesetz $p(R, F) = q$ sei bekannt; außerdem gelte $q \neq 0$ und $q \neq 1$. c sei die Kugel des nächsten Zuges. Nach dem Hempelschen Schema könnte man mit der (von 1 verschiedenen) Wahrscheinlichkeit q darauf schließen, daß c rot sein werde, vorausgesetzt, daß die Forderung der

[15] Vgl. [Erklärung und Begründung], S. 669 oben und S. 697.

[16] Vgl. meine Schilderung in [Erklärung und Begründung], S. 714–716.

[17] Vgl. [Erklärung und Begründung], S. 742, mittlerer Absatz, sowie die auf das unten angeführte Theorem folgenden Bemerkungen auf S. 743 oben.

[18] Vgl. SALMON, "Statistical Explanation", S. 193f.

maximalen Bestimmtheit erfüllt ist, eine Voraussetzung, die wir als gegeben annehmen. Wir betrachten nun die beobachtbare Eigenschaft: „im sichtbaren Spektrum am entgegengesetzten Ende zu liegen wie die Farbe Violett". V' bezeichne die Klasse der Züge, welche das eben beschriebene Merkmal erfüllen. Aufgrund unserer naturwissenschaftlichen Kenntnisse genügt ein Objekt c der Bedingung R genau dann, wenn es die Bedingung V' erfüllt. Es gilt somit: $p(R, V' \wedge F) = 1$. Nehmen wir nun die als verifiziert vorausgesetzte singuläre Prämisse $V'c \wedge Fc$ hinzu. Dann können wir mit Wahrscheinlichkeit 1 schließen, daß c das Merkmal *Rot* haben werde.

Die Hempelsche Regel der maximalen Bestimmtheit wäre in diesem Fall verletzt, wir müßten also die obige Voraussetzung, daß sie erfüllt sei, wieder fallen lassen.

Nach der ursprünglichen Fassung der Regel ergibt sich die Verletzung sofort daraus, daß $V' \wedge F$ ein stärkeres Prädikat ist als F, die beiden statistischen Gesetze jedoch die voneinander verschiedenen Werte q und 1 liefern.

Auch die spätere modifizierte Fassung der Regel ist jedoch verletzt, wie die geeignete Anwendung der Regel (MB_1) von Bd. I, S. 697, zeigt. Nach Voraussetzung ist nämlich das Naturgesetz $\bigwedge x(V'x \wedge Fx \rightarrow Rx)$ in der Klasse A_t der akzeptierten Sätze enthalten. Da alles, was immer gilt, mit Wahrscheinlichkeit 1 gilt, können wir daraus das statistische Gesetz $p(R, V' \wedge F) = 1$ ableiten. $V' \wedge F$ kann als Prädikat B von (MB_1) gewählt werden, da es statistisch relevant für Rc und stärker als F ist. Es müßte also gemäß dieser Regel das statistische Gesetz $p(R, V' \wedge F) = q$ in A_t vorkommen, was wegen $q \neq 1$ ausgeschlossen ist.

Vom intuitiven Standpunkt muß diese Reaktion als fehlerhaft bezeichnet werden. Man wird nämlich mit Recht sagen, daß die Verifikation von $V'c \wedge Fc$ (zusammen mit dem zitierten Gesetz $p(R, V' \wedge F) = 1$) deshalb keinen Gegensatz zum ursprünglichen Argument darstelle, weil sie auf purem Schwindel beruhe. *Wir wissen nämlich aufgrund elementarer naturwissenschaftlicher Kenntnisse, daß ein Objekt genau dann rot ist, wenn seine Farbe am entgegengesetzten Ende des sichtbaren Spektrums liegt wie die Farbe Violett.* Wir haben also *nur scheinbar* $V'c$ unabhängig von Rc verifiziert, um die Farbe von c vorauszusagen. Der Naturwissenschaftler würde sagen, daß $V'c$ nur eine andere Art und Weise sei, das Explanandum auszudrücken. Es ist zwar, so könnte man es formulieren, nicht möglich, *rein logisch* von $V'c$ auf Rc zu schließen; dagegen ist ein *nomologischer* Schluß von der ersten Aussage auf die zweite möglich, weil das erste Prädikat das zweite *nomologisch impliziert.* Mit dieser nomologischen Implikation ist nichts anderes gemeint als daß $\bigwedge x(V'x \rightarrow Rx)$ ein anerkanntes Naturgesetz ist. *Derartigen nomologischen Verknüpfungen der in einer statistischen Hypothese benützten Prädikate trägt die Hempelsche Regel nicht Rechnung.*

(IX) Das ‚Weltanschauungsdilemma'. Mit diesem Ausdruck zielen wir auf das ab, was man die probabilistische Weltanschauung nennen könnte. Es gibt drei Typen solcher ‚Weltanschauungen', nämlich philosophisch relevanter Deutungen des Wahrscheinlichkeitskalküls. Zwei dieser Typen sind *monistisch:* Die Subjektivisten oder Personalisten behaupten, daß die subjektive (personelle) Wahrscheinlichkeit die einzige wahre Wahrscheinlichkeit sei und daß alle Kontexte, in denen von objektiver oder von statistischer Wahrscheinlichkeit die Rede ist, zurückübersetzbar seien in solche über die erstgenannte Wahrscheinlichkeit. Die Frequentisten sowie die Vertreter der Auffassung, daß die statistische Wahrscheinlichkeit eine theoretische Diposition darstelle und daß nur diese Wahrscheinlichkeit wissenschaftlich interessant sei, lehnen umgekehrt den Begriff der subjektiven Wahrscheinlichkeit ab. Daneben gibt es schließlich noch den — auch in den vorangehenden Teilen dieses Buches versuchsweise vertretenen — *dualistischen* Standpunkt. Danach muß von der in statistischen Hypothesen benützten objektiven Wahrscheinlichkeit entweder die in der Entscheidungslogik verwendete personelle Wahrscheinlichkeit oder die metatheoretisch benützte induktive Wahrscheinlichkeit unterschieden werden. Im gegenwärtigen Kontext können wir die letztere, entsprechend dem Vorgehen in Teil II, als eine durch zusätzliche Rationalitätsprinzipien verengte personelle Wahrscheinlichkeit deuten.

Die Hempelsche Interpretation statistischer Argumente legt die dualistische Auffassung zugrunde, ja noch mehr: es wird die generelle Annahme gemacht, daß die in der statistischen Hypothese als Explanans vorkommende ‚objektive Wahrscheinlichkeit' q *identisch* sei mit der ‚induktiven Wahrscheinlichkeit' q, die das Explanans dem Explanandum verleiht[19]. Von diesem letzten Punkt wollen wir hier jedoch ganz abstrahieren. Denn selbst wenn eine Theorie der induktiven Wahrscheinlichkeit zu einer Regel führen sollte, die von der Hempelschen inhaltlich abweicht, so brauchte damit doch der Hempelsche Lösungsvorschlag als solcher nicht preisgegeben zu werden.

Das, was man hier als *prinzipiell* störend empfinden muß, ist die Tatsache, *daß die probabilistische Weltanschauung überhaupt Eingang findet in die Diskussion dessen, was Hempel statistische Systematisierung nennt.* Der Hempelsche Lösungssatz, insbesondere die ganz bestimmte Art der *Überlagerung* von statistischer und personeller (induktiver) Wahrscheinlichkeit im Hempelschen Schema ‚induktiv-statistischer Systematisierungen', kann nur von einem Dualisten akzeptiert werden.

Man könnte demgegenüber vorschlagen, die endgültige Lösung dieser Probleme zurückzustellen, bis eine Einigung in der Frage der Grundlegung der Wahrscheinlichkeitstheorie erzielt worden ist. Dem Lösungsansatz wäre dann eine monistische oder die dualistische Deutung zugrunde zu legen, je nachdem, wie der Streit ausging. Da die Diskussionen über die ‚korrekte'

[19] Vgl. das Erklärungsschema (21) in [Erklärung und Begründung], S. 653 oben und das doppelte Vorkommen des Wahrscheinlichkeitsparameters q in diesem Schema. Die eben erwähnte Annahme wird auf S. 652, letzte Zeile, explizit als *Regel S* zitiert.

Deutung des Wahrscheinlichkeitskalküls aber nun schon seit vielen Jahrzehnten andauern, befürchte ich, daß ein solches methodisches Vorgehen zur Folge haben würde, auf den St. Nimmerleinstag warten zu müssen, bevor man damit beginnen könnte, die hier angedeuteten Probleme überhaupt anzugehen.

Demgegenüber wäre es erfreulich, wenn es gelänge, die Probleme auf solche Weise zu lösen, daß die Lösung invariant ist in bezug auf die vom Wissenschaftstheoretiker akzeptierte probabilistische Weltanschauung.

Sollte man zu dem Ergebnis gelangen, daß dies bezüglich *aller* Probleme unmöglich ist, so sollte man wenigstens eine Unterteilung in zwei Klassen von Schwierigkeiten vornehmen: erstens in die Klasse derjenigen, die sich ‚weltanschauungsinvariant' beheben lassen; und zweitens in die Klasse derjenigen Probleme, deren Lösung nur im Rahmen einer ganz bestimmten (monistischen oder dualistischen) Interpretation des Wahrscheinlichkeitsbegriffs möglich ist. Da man sich bei der Behandlung von Problemen der zweiten Art auf eine bestimmte Auffassung festlegen müßte, wäre zusätzlich zu untersuchen, ob es möglich ist, den Lösungsvorschlag in andere ‚Weisen des Sprechens über Wahrscheinlichkeit' zu übersetzen.

(X) Das Argumentationsdilemma. Nach Hempel ist eine statistische Erklärung ein *Argument* oder ein *Schluß*. Diese Auffassung kann man sich selbst dann nicht ohne weitere Qualifikationen zu eigen machen, wenn man mit Carnap und Hempel den probabilistischen Dualismus akzeptiert, was auch wir im augenblicklichen Zusammenhang tun wollen. Ferner wollen wir — ebenfalls nur bei der Erörterung dieses Punktes — fingieren, Carnaps Theorie sei als eine Bestätigungstheorie deutbar und diese Theorie der C-Funktionen sei auf Objektsprachen von so großem Ausdrucksreichtum ausgedehnt worden, daß in diesen Sprachen beliebige statistische Hypothesen formulierbar sind.

An die Stelle des Hempelschen Schemas (21) müßte dann *eine Aussage* treten, nämlich die metatheoretische Aussage: $C(Gc, p(G,F) = q \wedge Fc) = q$[20]. Eine Aussage aber ist kein Schluß. Nun hat zwar Carnap selbst, in [Probability] auf S. 207f. und in [I. L.] auf S. 81f., von induktiven Schlüssen gesprochen. Man muß jedoch bedenken, daß hier zunächst nur ein *metaphorischer Sprachgebrauch* vorliegt. Genauer müßte es heißen: Es handelt sich um die *Analoga* von 5 Typen sogenannter induktiver Schlüsse in Carnaps System.

Carnap selbst hat allerdings an noch mehr gedacht. Er meinte, daß erst durch die *Hinzufügung geeigneter methodologischer Regeln*, wie z. B. der Forderung des Gesamtdatums[21], seine induktive Logik *anwendbar* gemacht werden könne. Und in diesem Punkt befand sich Carnap m. E. im Irrtum; zumindest enthalten seine diesbezüglichen Bemerkungen eine Zweideutigkeit. Wir *haben* ja in unserem obigen Beispiel eine Anwendung von der Theorie

[20] Vgl. den Hinweis in der letzten Fußnote.
[21] Vgl. [I. L.], S. 83f.; [Probability], S. 211f.

der C-Funktionen gemacht. Allgemein gilt: Wenn die Theorie der C-Funktionen für eine Objektsprache L entwickelt wurde, in der die beiden Sätze e und h ausdrückbar sind, so erhält man nach Berechnung des Wertes von $C(h,e)$ *automatisch* eine geeignete Anwendung der Carnapschen Theorie. Beträgt der Zahlenwert etwa r, so lautet die (vollkommen triviale) Anwendung: $C(h,e) = r$.

Was CARNAP wirklich *gemeint* hat, als er von Anwendung sprach, war *die Rechtfertigung einer Als-ob-Betrachtung*, also von etwas, das im Grunde mit einer Anwendung überhaupt nichts zu tun hat. CARNAP wollte die Frage beantworten: In welchem Typ von Fällen kann man so tun, *als ob* in $C(h,e) = r$ e die Prämisse und h die Konklusion eines Schlusses sei? Daß sich diese Frage für ihn überhaupt stellte, ergab sich aus der — nach meiner begründbaren Auffassung irrtümlichen[22] — Annahme, auch seine induktive Logik expliziere einen Begriff der logischen Implikation, nämlich den der partiellen L-Implikation. Da aber der logische Folgerungsbegriff zur Rechtfertigung von Schlüssen benützt wird, liegt es nahe, dasselbe auch vom Begriff der *partiellen* logischen Folgerung zu verlangen. Sobald man — gezwungenermaßen, wie mir scheint — den Gedanken fallen läßt, den C-Funktionen liege als Explikandum ein Folgerungsbegriff zugrunde, bricht auch diese Analogiebetrachtung zwischen deduktiver und induktiver Logik zusammen. Dann tritt deutlich zutage, daß kein Anwendungsproblem zu lösen ist, sondern daß es darum geht, *eine Als-ob-Philosophie in genau spezialisierter Form zu rechtfertigen.*

Diese Überlegung wirft auch ein neues Licht auf die Bemühungen HEMPELS: Mit der *Regel der maximalen Bestimmtheit* wollte HEMPEL nicht, wie es den Anschein hat, ein *einziges* Problem lösen. Vielmehr sollte diese Regel *der Lösung zweier heterogener Probleme* dienen: *erstens* des Problems der Mehrdeutigkeit der statistischen Systematisierung, also dessen, was wir in (III) in der Form des Informationsdilemmas formulierten; und *zweitens* des davon ganz unabhängigen Problems, eine handliche Regel dafür zu finden, diejenigen Fälle auszuzeichnen, in denen die erwähnte Als-ob-Betrachtung zulässig ist. Das Gewicht liegt beim zweiten Problem auf dem Wort „handlich". Denn CARNAPS Forderung des Gesamtdatums ist demgegenüber äußerst unhandlich.

Daß es sich um zwei verschiedene Probleme handelt, wird auch daraus ersichtlich, daß das erste Problem (das Informationsdilemma) selbst dann auftritt, wenn man eine ganz andere Auffassung von Wahrscheinlichkeit vertritt als CARNAP und HEMPEL. Das zweite Problem hingegen ist *ein spezifisches Problem des probabilistischen Dualismus*. Aber natürlich besteht zwischen den beiden Problemen ein Zusammenhang. Statistische Hypothesen nützen uns nichts, wenn sie nicht angewendet werden können. Eine

[22] Vgl. die Hinweise in meinem Aufsatz [Induktion], S. 56—58.

spezielle Art von Anwendung stellt das statistische Schließen in der Gestalt statistischer Begründungen dar[23]. Um zu wissen, wie man statistische Gesetzmäßigkeiten in konkreten Situationen anwenden soll, muß man wissen, *welche* man benützen darf, wenn sich mehrere anbieten, die miteinander in dem von HEMPEL beschriebenen Konflikt stehen; ja man muß wissen, ob man überhaupt in *dieser* Situation eine Anwendung vornehmen darf. Insofern setzt die Lösung des zweiten Problems eine solche des ersten voraus.

(XI) Das Gesetzesparadoxon. Zu diesem Punkt sollen keine weiteren Betrachtungen angestellt werden. Wir erinnern nur daran, daß das Goodman-Paradoxon nicht nur im Bereich strikter Gesetze, sondern auch im Bereich statistischer Regularitäten auftritt, wie HEMPEL gezeigt hat. (Vgl. dazu die kurze Schilderung nebst Beispiel in Bd. I, [Erklärung und Begründung], S. 694).

2. Diskussion

2.a Problemreduktionen. Ein Problem klar zu sehen, ist bereits der halbe Weg zur Lösung. Diese verbreitete philosophische Weisheit dürfte zwar im großen und ganzen nicht unrichtig sein; doch verliert sie etwas an Plausibilität, wenn man es nicht mit *einem*, sondern mit *elf* Problemen zu tun hat, die außerdem alle irgendwie zusammenhängen dürften, wobei die Art des Zusammenhanges zunächst ebenfalls im Dunkeln bleibt.

Wir gehen methodisch so vor, daß wir zunächst diejenigen Probleme herausgreifen, die wir ‚abschütteln' oder relativ unabhängig von den anderen einer Lösung zuführen können.

Auf die Diskussion des letzten Problems könnten wir verzichten. Die Rechtfertigung dafür ist einfach: Das Goodman-Paradoxon tritt zwar *auch* bei statistischen Hypothesen auf; es tritt jedoch *nicht nur* dort auf. Es dürfte generelle Übereinstimmung darin herrschen, daß die Lösung dieses Paradoxons, wie immer sie aussehen mag, von allen *spezifisch-statistischen* Problemen unabhängig ist. Dies erkennt man deutlicher, wenn man die Frage in GOODMANS Sprechweise formuliert: Es kommt darauf an, welche *Prädikate* für die Aufstellung gesetzesartiger Aussagen zulässig sind und welche nicht. Die Gesetze können dabei Kausalgesetze oder statistische Gesetze sein. Diese Frage soll also ausgeklammert werden.

Was den Punkt (IX) betrifft, so wollen wir wenigstens versuchen, uns ebenfalls in Abstinenz zu üben. Genauer gesprochen: Wir werden uns bemühen, die einzelnen verbleibenden Probleme auf solche Weise zu diskutieren, daß diese Diskussion möglichst ‚weltanschauungsinvariant' bleibt, so daß wir also nicht gezwungen sind, uns auf bestimmte Deutungen statistischer und eventueller weiterer Wahrscheinlichkeiten festzulegen.

---

[23] Die Frage, ob gewisse Begründungen auch *als Erklärungen* fungieren können, lassen wir für den Augenblick offen.

Damit ist eigentlich auch bereits das in (X) angeführte Dilemma beseitigt, vorausgesetzt, die im vorigen Absatz angekündigte Art der Problembehandlung läßt sich durchführen. *Nicht* ausgeklammert ist damit natürlich das in (X) nochmals erwähnte Problem (III), dessen Wichtigkeit von HEMPEL eindringlich demonstriert worden ist.

2.b Das Problem der nomologischen Implikation. Statistisches Schließen und statistische Begründungen. In einem zweiten Schritt zur vorbereitenden Klärung wollen wir uns mit den Problemen (III), (VII) und (VIII) beschäftigen.

Bereits bei der Formulierung der Schwierigkeit (III) wurde erwähnt, daß es sich — entgegen dem äußeren Anschein — um das von HEMPEL im Detail erörterte Problem handelt. Wenn man dies nicht sofort erkennen sollte, so beruht dies darauf, daß eine oberflächliche Kenntnisnahme der Hempelschen Formulierung den Anschein erwecken könnte, als liege ein *Überschuß an Information* vor und nicht ein *Mangel an Information*, wie sich dies aus der Fassung in (III) ergibt. Der scheinbare Widerspruch zwischen den beiden Fassungen verschwindet jedoch sofort, wenn man sich die Schwierigkeit anhand des Beispiels aus (III) verdeutlicht: Einerseits haben wir zwar tatsächlich zwei statistische Hypothesen mit verschiedenen Wahrscheinlichkeitsparametern, die hinsichtlich der Anwendung auf H. M. miteinander konkurrieren, nämlich eine über die Lebenserwartung bayerischer Schuster und eine andere über die Lebenserwartung Münchner Handwerker. Auf der anderen Seite liefern beide Hypothesen, so wie sie dastehen, zu schwache Informationen, da auf H. M. *beide* Prädikate zutreffen, durch welche die ‚Bezugsklassen' der statistischen Hypothesen festgelegt werden, nämlich sowohl das Prädikat „bayerischer Schuster" als auch das Prädikat „Münchner Handwerker".

Wir können daher bei der endgültigen Explikation an HEMPELS scharfsinnige Analyse anknüpfen. Allerdings werden sich dabei drei Arten von Verschiebungen und Modifikationen als erforderlich erweisen:

(1) Das Explikandum wird nicht der Begriff der Erklärung sein, sondern ein davon verschiedener und *schwächerer* Begriff der *Begründung*, der als Antwort nicht auf eine Erklärung heischende, sondern nur auf eine epistemische Warum-Frage gedacht ist. Als paradigmatische Fälle können dabei *wissenschaftliche Prognosen* und *wissenschaftliche Retrodiktionen* gelten. Denn in diesen Fällen geht es nicht darum, zu sagen, warum sich etwas *ereignete*, sondern warum man *glaube, daß* sich etwas ereignen werde (bzw. *ereignet habe*). Erwartet wird nicht (unbedingt) die Angabe von Ursachen; es genügt die Angabe von überzeugenden Gründen.

(2) Während sich dadurch, daß wir das Explikandum abschwächen, eine Vereinfachung ergeben wird, werden auf der anderen Seite Komplikationen auftreten, die darauf beruhen, daß HEMPELS eigene Explikation weder eine

Lösung des Paradoxons (II) noch eine Methode zur Überwindung des Dilemmas (VIII) liefert.

(3) Der Ausgangspunkt der Analyse wird sich andererseits wieder vereinfachen, da die durch das Gegenbeispiel von A. GRANDY erzeugten Komplikationen hinwegfallen. Diese Komplikationen sind nämlich Pseudoschwierigkeiten, da dieses Gegenbeispiel falsch ist.

Mit (1) ist auch die Antwort auf das Problem (VII) gegeben: Dieses Dilemma wird automatisch dadurch behoben, daß es verschwindet. Statt eines Explikandums werden wir es — und darin besteht allerdings eine weitere Erschwerung — *mit zwei vollkommen verschiedenen Explikanda* zu tun haben. Das erste ist der eben erwähnte Begriff der *statistischen Begründung*, das zweite ist das, was wir die *statistisch-kausale Minimalanalyse* nennen werden. Beim ersten handelt es sich zwar um ein Argument, aber nicht um eine Erklärung. Das Beispiel aus (VII) mit den variierenden pragmatischen Umständen dürfte hinreichend deutlich gemacht haben, daß Begründungsargumente nur auf epistemische, nicht hingegen auf Erklärung heischende Warum-Fragen Antworten liefern.

Es stehen uns dann noch immer *drei Möglichkeiten* offen, den Ausdruck „statistische Erklärung“ zu verwenden. Diese Möglichkeiten werden wir in 4.d miteinander konfrontieren und ihre Vor- und Nachteile abwägen.

Was das Dilemma (VIII) betrifft, so dürfte bereits die kurze Diskussion, welche im unmittelbaren Anschluß an seine Schilderung erfolgte, gezeigt haben, wo die Lösung zu suchen ist: Es genügt nicht, in der Regel der maximalen Bestimmtheit gewisse Fälle von *logischen* Implikationen auszuschließen. Daneben müssen auch noch Fälle von *nomologischen* Implikationen ausgeschlossen werden, wie das dortige Beispiel zeigt. In 2.e soll dieser Punkt genau untersucht werden.

Der Oberbegriff, unter welchen wir den der statistischen Begründung subsumieren werden, ist der in Teil III bereits ausführlich diskutierte Begriff des *statistischen Schließens*. Während man aber darunter in der Hauptsache solche Überlegungen versteht, in denen statistische Hypothesen *das Objekt der Beurteilung* bilden (‚statistischer Stützungsschluß‘), handelt es sich diesmal darum, daß umgekehrt bereits akzeptierte Hypothesen *das Mittel zur Beurteilung möglicher Sachverhalte* bilden sollen. Im Grunde ist dies für uns nichts Neues. Wir haben dieses Thema bereits in Teil III, 6.a unter der Überschrift „Einzelfall-Regel“ kurz erörtert. Was wir die Likelihood-Regel nannten, war eine begrifflich einheitliche Darstellung des statistischen Stützungsschlusses sowie dieser Einzelfall-Regel. *Die Analyse des Begriffs der statistischen Begründung können wir daher deuten als eine weitergehende Analyse der Einzelfall-Regel und der genauen Bedingungen ihrer Anwendung.*

Es ist wichtig, dies für die systematischen Überlegungen in 2.e festzuhalten. Der Begriff der statistischen Begründung nimmt für uns immer deutlichere Konturen an, da wir ihn von zwei Seiten her einzukreisen beginnen: von der konkret-intuitiven und von der abstrakt-systematischen Seite her. Der konkret-intuitive Zugang ‚von unten her' bildet *die rationale Prognose, die sich auf statistische Gesetze stützt.* Der abstrakte Zugang ‚von oben her' ist *die Likelihood-Regel mit ihrer Spezialisierung zur Einzelfall-Regel.*

Der abstrakt-systematische Zugang wird sich noch in anderer Hinsicht als wichtig erweisen: In der Likelihood-Regel und ihren Spezialisierungen war *nur von statistischer Wahrscheinlichkeit* die Rede, nirgends jedoch von induktiver Wahrscheinlichkeit. Versteht man unter dem Begriff der statistischen Begründung eine weitergehende Explikation der Einzelfall-Regel, so drängt sich förmlich der Gedanke auf, *allein mit dem Begriff der statistischen Wahrscheinlichkeit auszukommen.* Der probabilistische Dualismus würde sich dann im gegenwärtigen Kontext als überflüssig erweisen. Damit wäre auch das ‚Weltanschauungsdilemma' überwunden: Wenn wir mit dem Begriff der statistischen Wahrscheinlichkeit allein auskommen, so können wir es offen lassen, ob dieser Begriff frequentistisch zu deuten *oder* als theoretische Disposition aufzufassen *oder* durch eine der personalistischen Rekonstruktionen einzuführen ist. Auch das Argumentationsdilemma träte dann nicht mehr auf. Denn dieses Problem entsteht ja erst dann, wenn man eine statistische Begründung als *C*-Aussage im Carnapschen Sinn deutet.

Die Einbettung des Problems der statistischen Begründung in den allgemeineren Rahmen des statistischen Schließens bildet somit die naheliegendste und einfachste Methode, die Schwierigkeiten (IX) *und* (X) *abzuschütteln.*

2.c Verzahnungen von Erklärungs- und Bestätigungsproblemen. Die Fragen (IV), (V) und (VI) erörtern wir zweckmäßigerweise simultan. Bezüglich der in (IV) genannten Schwierigkeiten kann man nichts weiter tun als die Forderung aufstellen: „Wähle die Bezugsklasse nicht kleiner als unbedingt nötig!" Die Wendung „unbedingt nötig" ist dabei so zu verstehen, daß eine adäquat formulierte Regel der maximalen Bestimmtheit erfüllt ist. Eine derartige adäquate Formulierung setzen wir augenblicklich als existierend voraus.

Es kann allerdings der Fall sein, daß die Forderung der maximalen Bestimmtheit eine so kleine Bezugsklasse erzwingt, daß das verfügbare Tatsachenmaterial für die Aufstellung einer *gut bestätigten* statistischen Hypothese nicht ausreicht. Was soll man in einer derartigen Situation tun? Es gibt nur eine Empfehlung: „Versuche weiteres Beobachtungsmaterial zu finden, welches die statistische Hypothese entweder zusätzlich stützt oder erschüttert!" *Man muß sich dann vorläufig der Verwendung dieser Hypothese für Begründungszwecke zur Gewinnung brauchbarer Vermutungen enthalten*, weil keine genügenden Tatsacheninformationen vorliegen.

Zu beachten ist, daß dieses ‚Informationsdilemma' von ganz anderer Natur ist als das in (III) angeführte. Dort handelte es sich darum, daß man noch gar nicht wußte, welche von den verfügbaren, d. h. *als gut bestätigt vorausgesetzten* statistischen Hypothesen *für eine korrekte Begründung anzuwen-*

den sei bzw. daß eine derartige Hypothese überhaupt *noch nicht zur Verfügung* stand. Jetzt handelt es sich darum, daß zwar eine Hypothese vorliegt, daß man aber noch nicht sicher ist, ob diese Hypothese *überhaupt anwendbar* ist, *da man noch an ihrer Richtigkeit zweifelt.* Im ersten Fall ist die fehlende Information eine Lücke im Inventarium brauchbarer *Hypothesen*; im zweiten Fall besteht die Informationslücke im Nichtvorliegen von *Tatsachenbefunden*, die für die Beurteilung der gegebenen Hypothese von Relevanz sind. Im ersten Fall fehlt eine Hypothese; im zweiten Fall fehlen Erfahrungsdaten.

Daß zwischen diesen zwei verschiedenen Dingen häufig nicht klar unterschieden wird, dürfte zum Teil darauf beruhen, daß man eine Zweideutigkeit in Wendungen wie „gute Erklärung" bzw. „gute Begründung" übersieht. Dies kann einerseits besagen, daß das Argument qua *Argument* ein ‚gutes' (im deterministischen Fall: ein logisch korrektes) ist; andererseits kann es auch besagen, daß die *Prämissen* des Argumentes *gut bestätigt* sind. Wie leicht selbst Fachleute auf dem Gebiet des statistischen Schließens dieser Äquivokation zum Opfer fallen können, möge ein von SALMON gebrachtes Beispiel zeigen[24].

Angenommen, in einem Häuserblock oder in den Häusern eines ganzen Stadtviertels gehen plötzlich alle Lichter aus. Wie ist dies zu erklären? Verschiedene Möglichkeiten bieten sich an: (*a*) die Leute sind alle zu genau derselben Zeit schlafengegangen; (*b*) die Glühbirnen sind alle zur selben Zeit ausgebrannt; (*c*) die Hauptleitung ist durch einen Sturm beschädigt worden; (*d*) im zuständigen Elektrizitätswerk ist ein Schaden entstanden.

Unter normalen Umständen werden wir geneigt sein zu sagen, daß z. B. die Hypothese (*d*) *eine viel bessere Erklärung* liefere als (*a*). Man muß aber genau beachten, was dies bedeutet: Zur Diskussion stehen eigentlich gar nicht miteinander konkurrierende Erklärungen, sondern *verschiedene Hypothesen darüber, was sich ereignete. Alle* diese Hypothesen erklären das fragliche Phänomen; doch ist u. a. die vierte Hypothese *viel besser bestätigt* als die erste. Versteht man unter einer korrekten Erklärung diejenige, welche sich auf die richtige Hypothese stützt, so könnte es der Fall sein, daß (*a*) die korrekte Erklärung liefert. Geht es um die Frage der Wahrheit, so kann sich eben das am schlechtesten Bestätigte als das Richtige erweisen. Wenn man vorgibt, Erklärungsvorschläge nach Gütegraden miteinander zu vergleichen, so ist dies häufig nur eine verschlüsselte Form, um ‚Bestätigungsgrade' von Hypothesen miteinander zu vergleichen, die man für Erklärungszwecke benötigt. Sofern man, wie dies SALMON anstrebt, den *Relevanzbegriff* zum Schlüsselbegriff für die Explikation wissenschaftlicher Erklärungen machen möchte, so muß man sich vor einer Verwechslung hüten: der Verwechslung zwischen dem Vergleich der Apriori-Wahrscheinlichkeit und der Aposteriori-Wahrscheinlichkeit des Explanandums auf der einen

[24] "Statistical Explanation", S. 212f.

Seite, und dem Vergleich zwischen Apriori-Bestätigung (Apriori-Likelihood) und Aposteriori-Bestätigung (Aposteriori-Likelihood) *der im Explanans benützten Hypothese* auf der anderen Seite.

Selbstverständlich kann auch bei Vorliegen des Problems (IV) die fragliche statistische Hypothese *in gewissen pragmatischen Kontexten* benützt werden, insbesondere im Kontext der *Hypothesenprüfung*. In diesem letzten Fall verschwindet das Problem automatisch. Denn im Kontext der Prüfung geht man gerade *nicht* davon aus, daß es sich um eine Hypothese handelt, ‚auf die man sich verlassen kann'. Das Dilemma entsteht erst, wenn man für eine bestimmte Anwendung eine *verläßliche* Hypothese benötigt, aber nur unverläßliche vorfindet. Dieses Dilemma ist insofern ein echtes und logisch unbehebbares, als es bei Auftreten nicht durch logisch-wissenschaftstheoretische Analysen behoben werden kann. Der Wissenschaftstheoretiker muß sich damit begnügen, darauf hinzuweisen, wie die Lösung gefunden werden kann: durch Sammlung von zusätzlichem empirischen Material.

Ganz anders verhält es sich im Fall (V). Hier kann man zeigen, daß das Paradoxon *nur ein scheinbares* ist. Dies gilt sogar vom ersten Beispiel. Es ist zwar richtig, daß hier etwas faul ist. Der Fehler liegt aber nicht in einem Zirkel, sondern darin, daß der Erklärende eine Begründung vortäuscht, die er nicht gegeben hat: Auf eine Erklärung heischende Warum-Frage antwortet *GR* mit einer Hypothese. Auf die zweite Frage, die von ganz anderer Natur ist, nämlich eine Frage nach dem empirischen Fundament für diese Hypothese (nach den ‚stützenden Daten' für sie) verweist er wieder auf dasselbe Phänomen, das er zu erklären hatte. In einer Erklärung, ja sogar in jedem rationalen Erklärungs*versuch*, dürfen nur ‚wohletablierte' Hypothesen benützt werden, insbesondere nur solche Hypothesen, die von beiden Partnern, dem Erklärung Heischenden und dem Erklärung Gebenden, bereits akzeptiert sind. Und dies bedeutet: Es muß *anderweitige Gründe* für ihre Annahme geben. Diese conditio sine qua non wissenschaftlicher Erklärungen oder Erklärungsversuche lag hier nicht vor. Deshalb wurde die zweite Frage gestellt. Sie gehört überhaupt nicht mehr in den Kontext der Erklärung, sondern in den der Bestätigung. *Es ist eine Bestätigung heischende Woher-Frage*. Und diese zweite Frage wurde *überhaupt nicht* beantwortet; denn die Antwort hätte nach Voraussetzung nur in der Angabe solcher anderweitiger Gründe bestehen können.

Es kann der Fall sein, daß *GR* unter Zugrundelegung *seines* Hintergrundwissens die Hypothese aus dem Explanandum korrekt erschlossen hat. Dann muß die Differenz zwischen uns beiden in der Weise geschildert werden, daß *GR* für Erklärungszwecke Oberhypothesen benützt, die nach meiner Auffassung ein mythologisches Pseudowissen darstellen.

Die Erklärung *als Erklärung* war aber keinesfalls fehlerhaft. Dies zeigt sich sofort, wenn man die Situation ändert und annimmt, daß ich nach einer Erklärung für eine mir seltsam erscheinende *menschliche* Handlung verlangt hätte. Diesmal kann es durchaus der Fall sein, daß die Hypothese wohlbegründet ist, der Handelnde habe *in großem Zorn* gehandelt, und daß diese Hypothese außerdem die gesuchte Erklärung liefert.

Das zweite Beispiel ist von ganz anderer Natur. Der Übergang von dem, was wir die statistische Oberflächenanalyse nannten, zu der durch das Argument (1) widergespiegelten kausalen Tiefenanalyse ist zwar auch jetzt erst möglich, nachdem das Explanandum E gewußt wird. Der entscheidende Unterschied ist der folgende: Während im vorigen Beispiel das gesuchte Explanans nur durch das Explanandum gestützt worden ist, gilt dies für (1) *nur bezüglich der singulären Prämisse* A. Die Gesetzeshypothese G von (1) ist dagegen als ein *empirisches Hintergrundwissen* vorausgesetzt, *welches unabhängig von* (1) *sehr gut bestätigt ist.* Daher entfällt der Einwand, welcher im ersten Fall — zwar nicht gegen den Erklärungsversuch, jedoch gegen die angebliche Begründung der *erklärenden Hypothese* — mit Recht vorgebracht wurde. Ein Problem der Hypothesenbegründung steht hier überhaupt nicht zur Diskussion.

Man kann diesen zweiten Fall aber noch weiter analysieren: Die benützte Hypothese G ist ein genereller Konditionalsatz. Es gilt jedoch nicht nur G, sondern auch dessen Umkehrung, d. h. *G läßt sich zu einem Bikonditionalsatz verschärfen:* das „wenn ... dann - - -" ist ersetzbar durch „... genau dann wenn - - -". Der Bestandteil dieser Verschärfung, welcher in der Umkehrung von G besteht, heiße G'. Diese Verschärfung folgt nicht rein logisch aus unseren Prämissen, sondern stützt sich auf *verfügbares biologisches Hintergrundwissen.* Nimmt man als Prämisse die Umkehrung G' hinzu, so kann A aus E sogar rein logisch erschlossen werden. Es ist im vorliegenden Fall also nicht einmal nötig, an einen intuitiven Bestätigungsbegriff zu appellieren. *Alle Schlüsse sind korrekte deduktive Schlüsse.* Wir nennen den zu (1) parallelen Schluß mit E und G' als Prämissen und A als Konklusion den Schluß (1').

Während sich die Schlüsse (1) und (1') in bezug auf ihre *logische Struktur* nicht unterscheiden, so weichen sie doch in *pragmatischer* Hinsicht voneinander ab. A war ja aus E durch ein retrodiktives Argument gewonnen worden. Nur (1) kann daher bei Vorliegen der entsprechenden pragmatischen Umstände *als Erklärung* anerkannt werden; (1') hingegen ist das typische Beispiel einer *Retrodiktion.*

Damit haben wir bereits erkannt, wieso eine Asymmetrie zwischen wissenschaftlicher Erklärung und wissenschaftlicher Prognose von der Art bestehen kann, *daß ein erklärendes Argument gegeben wird, welches nicht für eine rationale Prognose hätte verwendet werden können.* Diese Situation liegt immer dann vor, wenn die folgenden Bedingungen erfüllt sind: (1) die in der Erklärung benützte Gesetzesprämisse G ist eine generelle Wenn-dann-Aussage; die singuläre Antecedensbedingung A geht durch Allspezialisierung aus dem Antecedens von G hervor; und das Explanandum E bildet das Konsequens derselben Allspezialisierung von G; (2) kraft verfügbaren *empirischen*

Wissens kann G zu einer Bikonditionalaussage verschärft werden, aus der die Umkehrung G' von G herleitbar ist. Aus E und G' ist dann A in derselben Weise herleitbar wie E aus G und A; (3) *nur* auf diesem in (2) geschilderten Wege ist singuläres Tatsachenwissen von der Art A zu gewinnen.

Die dritte Bedingung mußten wir anführen, um die Möglichkeit prognostischer Verwertung des Argumentes auszuschließen. Beim *heutigen* Wissensstande dürfte in dem konkreten Beispiel außer (1) und (2) auch die dritte Bedingung erfüllt sein. Bei einem künftigen verbesserten Wissensstand wird (1) vielleicht auch prognostisch verwertbar sein.

Damit ist nicht nur das Paradoxon behoben worden. Wir haben darüber hinaus eine Einsicht in *einen neuen Fall von Asymmetrie zwischen Erklärung und Voraussage* gewonnen, nämlich in einen Fall von korrekter Erklärung, der sich nicht für eine wissenschaftliche Voraussage eignet.

Es möge beachtet werden, daß die kausale Tiefenanalyse, oder, wie wir jetzt genauer sagen müßten, die *beiden* kausalen Tiefenanalysen (1) *und* (1') es nicht ausschließen, daß man weiterhin die statistische Oberflächenanalyse heranzieht. Auf die Warum-Frage kann nach wie vor die ebenfalls korrekte Antwort gegeben werden: „*durch Zufall*". Denn bei Vorliegen statistischer Regularitäten ist dies eine stets korrekte Art von Antwort.

Wie bereits die Parallelisierung der Fälle von (VI) mit dem Fall des Argumentes (1) in (V) nahegelegt hat, verhält es sich hier *prinzipiell* analog. Da wir ‚das Paradoxon der reinen ex-post-facto-Kausalerklärung' als ein scheinbares erkannt haben, dürfte es keine großen Schwierigkeiten bereiten, durch eine analoge Einsicht das Verzahnungsparadoxon zu überwinden. Es treten allerdings *Komplikationen* auf, die aber alle darauf beruhen, *daß diesmal auch die Tiefenanalyse* teilweise oder ganz *nur zu statistischen Regelmäßigkeiten führt*.

Wir knüpfen an die seinerzeitige Analyse von (1) an, die sich von der eben gegebenen unterschied. Um nämlich das in (V) angeführte Paradoxon aufzulösen und die erwähnte ‚Asymmetrie' verständlich zu machen, mußten wir soeben nur die Tatsache benützen, daß neben G auch G' zum Hintergrundwissen gehört. Bei der seinerzeitigen ‚Parallelisierung' knüpften wir hingegen an ein anderes Hintergrundwissen an, über welches wir ebenfalls bereits *vor* Kenntnis dessen, was sich ereignen wird, verfügten: nämlich daß — bei Zugrundelegung bloß zweier Geschlechter — *genau zwei kausale Erklärungen in Frage kommen*. Die weiter oben gegebene Analyse deckt den logischen Weg auf, durch den man zu der korrekten dieser beiden Möglichkeiten gelangt, *sobald einem das Explanandum bekannt ist*.

Ein analoger *logischer* Rückschluß kann dagegen nur im zweiten Beispiel von (VI) vorgenommen werden, und auch da nur dann, wenn der Ausgang *Schrift* lautete. *In allen übrigen Fällen ist der retrodiktive Rückschluß ein ‚statistischer Schluß'*. Dabei treten zwar alle Probleme auf, die mit dem statistischen

Schließen verknüpft sind, aber auch *nur diese*. Wir brauchen daher in keine weiteren detaillierten Diskussionen einzutreten.

Wenn wir dann noch eine *zusätzliche* Information darüber erhalten, mit welcher der beiden ‚eigentlichen' Münzen geworfen wurde, so kann im ersten Fall, wie wir gesehen haben, eine weitere Schwierigkeit auftreten. Sie besteht in der Erzeugung des Paradoxons (I). Mit diesem Problem werden wir uns gesondert beschäftigen, so daß wir im gegenwärtigen Kontext darauf nicht einzugehen brauchen.

Als Ergebnis unserer Analyse können wir folgendes festhalten: Die in (IV), (V) und (VI) geschilderten Schwierigkeiten haben sich als *Pseudoschwierigkeiten* erwiesen. Gemeint ist damit folgendes: Wir konnten durch eine genauere Analyse diese Schwierigkeiten beheben, und zwar auf solche Weise, daß uns dadurch keine Verpflichtung auferlegt worden ist, neue Gesichtspunkte bei den intendierten Begriffsexplikationen zu beachten. Das Dilemma (IV), die Paradoxie (V) sowie das Paradoxon (VI) wurden ‚gelöst' im Sinn von ‚aufgelöst'. Für unsere Aufgabe ist dies deshalb von größter Bedeutung, weil wir damit *eine weitere Reduktion* um drei Problemgruppen erzielten: Was immer am Ende unserer Überlegungen zu den Begriffen der statistischen Erklärung, der statistischen Begründung und der statistischen Analyse zu sagen sein wird, diese drei Schwierigkeiten werden uns kein weiteres Kopfzerbrechen bereiten; wir haben sie bereits abgeschüttelt.

Unabhängig von dieser Feststellung haben wir zwei Nebenresultate erzielt: Erstens hat die Gegenüberstellung der statistischen Oberflächenanalyse mit der durch das Argument (1) von (V) exemplifizierten kausalen Tiefenanalyse gezeigt, daß sich bei Vorliegen einer bestimmten Wissenssituation sowie weiterer pragmatischer Umstände echte deduktiv-nomologische *Erklärungsargumente* konstruieren lassen, *die nicht als prognostische Argumente verwendbar sind*. Zweitens hat sich ergeben, daß die Paradoxie (I), wenn sie überhaupt auftritt, nicht bereits mit der ursprünglichen Analyse mitgegeben sein muß, sondern *paradoxerweise* erst dann aufzutreten braucht, wenn die ursprüngliche Information durch eine neue ergänzt wird, wenn es also zu einer Informationsverschärfung kommt. Diese ‚Paradoxie zweiter Ordnung' kann erst verschwinden, wenn (I) bewältigt worden ist. Dieser Schwierigkeit (I) wenden wir uns jetzt zu.

2.d Die Leibniz-Bedingung. Unbehebbare intuitive Konflikte. Es scheint mir, daß das, was wir die Paradoxie der Erklärung des Unwahrscheinlichen nannten, *eine nicht zu lösende Paradoxie ist, sofern man an der herkömmlichen Vorstellung erklärender Argumente festhält*. Anders ausgedrückt: Mittels der Erkenntnis, daß sich auch Unwahrscheinliches ereignet, läßt sich nach meiner Auffassung das schärfste Argument gegen den Begriff der statistischen Erklärung überhaupt vorbringen, vorausgesetzt, man versteht unter „statistischer Erklärung" etwas anderes als: (1) die Zwei-Worte-Antwort: „durch Zufall"; (2) statistische Begründungen, die spezielle Fälle des statistischen Schließens darstellen und nicht Erklärungen genannt werden sollten; (3) dasjenige, was wir eine statistische Minimalanalyse nennen werden; oder schließlich (4) eine Kombination dieser Möglichkeiten (1) bis (3).

Wenn Phänomene unter statistische Gesetze subsumierbar sind, so steht auf die Frage: „warum hat sich dies ereignet?" immer die Antwort zur Verfügung: „es geschah durch Zufall". In dem in (V) geschilderten Fall kann eine derartige Antwort als oberflächlich und provisorisch erscheinen, weil Fragender und Gefragter von der sicheren Überzeugung ausgehen, daß man diese Antwort prinzipiell durch eine kausale Tiefenanalyse von der Art des Argumentes (1) ersetzen könnte. Um uns einen derartigen Ausweg zu verbauen, nehmen wir an, daß wir es mit statistischen Gesetzen zu tun haben, die nicht den Charakter des Provisorischen tragen und die daher nicht bloß unsere mangelnde Kenntnis widerspiegeln, sondern die in dem Sinn *irreduzible* statistische Gesetze darstellen, daß sie eine kausale Tiefenanalyse ausschließen. Als Beispiel könnte man etwa die Gesetze des radioaktiven Zerfalls bestimmter Substanzen anführen oder quantenphysikalische Beschreibungen von Zustandsänderungen physikalischer Systeme gemäß statistischer Gesetze[25].

Einige Philosophen werden gegen eine solche Annahme protestieren und leugnen, daß so etwas überhaupt möglich sei. Ihre Leugnung muß sich auf *die deterministische Oberhypothese* stützen, daß *alle* Geschehnisse der Welt unter strikte (deterministische) Gesetze subsumierbar seien. Wir werden diesen Protest nicht ernst nehmen; denn das dabei vorausgesetzte Prinzip des universellen Determinismus hat nur in einer ‚kausalistischen Metaphysik' Platz. Mit der Ablehnung dieser Auffassung verbinden wir nicht die Behauptung, daß bestimmte physikalische Theorien, die mit statistischen Hypothesen arbeiten, richtig seien, insbesondere nicht, daß die Quantenphysik die ‚wahre Physik' darstelle. Es genügt, daß wir im gegenwärtigen Kontext *die Annahme irreduzibler statistischer Gesetze als eine theoretische Möglichkeit* zulassen.

Ich möchte nun die Aufmerksamkeit auf die *Leibniz-Bedingung* richten, wie ich es nennen möchte. Ich habe diese Bedingung erstmals in Bd. I, [Erklärung und Begründung], z. B. auf S. 220 sowie auf S. 684, angeführt. Soweit ich feststellen konnte, ist dieser Punkt bisher kaum beachtet worden.

Die einzige mir bekannte bemerkenswerte Ausnahme bilden die Untersuchungen, die v. Wright in seinem Werk [Understanding] anstellt. Der Verfasser geht hier von der Annahme aus, daß das Ereignis E vorkam, obwohl es wegen des Vorliegens bloßer statistischer Gesetze nicht hätte vorkommen müssen. Damit bleibt, wie v. Wright betont, noch Raum für eine weitere Suche nach Erklärung: "why did E, on this occassion, actually occur and why did it not fail to occur?" (a. a. O., S. 13). Dies ist eine Erklärung heischende Warum-Frage, in welche die Leibniz-Bedingung sogar *explizit* hineingenommen wird. Da ich wohl annehmen darf, daß diese Überlegungen in Unkenntnis des oben erwähnten Textes in [Erklärung und

[25] Der Unterschied zwischen dem Indeterminismus vom ersten und dem vom zweiten Typ ist in diesem Zusammenhang ohne Relevanz.

Begründung] angestellt worden sind, glaube ich darin eine indirekte Bestätigung meines Gedankenganges erblicken zu dürfen.

Wir wollen sagen, daß eine Erklärung heischende Warum-Frage bezüglich eines Explanandums E die *Leibniz-Bedingung* „cur potius sit quam non sit“ erfüllt[26], wenn eine Antwort von solcher Art erwartet wird, daß diese zugleich *eine Begründung dafür* gibt, *warum E eingetreten ist und nicht nicht eingetreten ist.* Man wird mit Recht annehmen können, daß wir mit Erklärung heischenden Warum-Fragen sehr häufig oder vielleicht sogar in der Regel die Leibniz-Bedingung verknüpfen.

Es wäre vielleicht besser, eine sprachliche Differenzierung vorzunehmen. Von der Erklärung heischenden *Frage* wäre danach zu sagen, daß mit ihr die Leibniz-*Erwartung* verknüpft ist, und von der *Antwort*, daß sie die Leibniz-*Bedingung* erfüllt. Wir sprechen schlechthin von der Leibniz-Bedingung, um zu große Komplikationen in der Formulierung zu vermeiden.

Angenommen, wir haben es mit einem System von möglichen Ereignissen zu tun, deren Eintreten nur durch statistische Gesetze geregelt wird, so daß eine deterministische Kausalanalyse ausgeschlossen ist. Weiter wollen wir annehmen, daß die in (I) geschilderte Situation eingetreten sei: Unwahrscheinliches habe sich tatsächlich ereignet. Wie stets im statistischen Fall, kann auch diesmal auf die Erklärung heischende Warum-Frage geantwortet werden: „durch Zufall“. Wie steht es aber, wenn der Fragende eine Antwort erwartet, welche die Leibniz-Bedingung erfüllt? *Dann kann nichts anderes getan werden als die Frage zurückzuweisen und eine ‚Erklärung‘ dafür abzugeben, warum sie zurückgewiesen werden muß.* Die Wendung „eine Erklärung geben“ in diesem letzten Satz ist zu verstehen etwa im Sinn von: „eine Erläutertung mittels einer logischen Analyse geben“.

Es liegt sogar ein doppelter intuitiver Konflikt zwischen ‚Vernunft und Tatsache‘ vor, der nicht behoben werden kann:

(1) Der Fragende betrachtet nur etwas als zufriedenstellende Erklärung, was die Leibniz-Bedingung erfüllt. *Tatsächlich kann jedoch eine Erklärung, die dieser Bedingung genügt, nicht gegeben werden.*

(2) Der zweite Konflikt bleibt auch dann bestehen, wenn man die Leibniz-Bedingung fallen läßt und sich mit einer genauen statistischen Analyse begnügt: es ist *der Konflikt zwischen dem, was vernünftigerweise zu erwarten war, und dem, was sich tatsächlich ereignet hat.*

Alles, was man hier tun kann, ist: einige die Situation klärende Betrachtungen anstellen. Die Klärung in bezug auf (1) ist vollzogen, wenn zweierlei gezeigt wurde: erstens, daß das fragliche Geschehen nach all unserem Wissen von irreduziblen statistischen Gesetzen beherrscht wird; zweitens, daß probabilistische Vorgänge wegen ihres Zufallscharakters die Möglichkeit offen lassen, daß sich mehr oder weniger Unwahrscheinliches

[26] Bei Leibniz selbst ist diese Bedingung Bestandteil seiner Formulierung des Prinzips vom zureichenden Grunde.

ereignet. Und eine solche Möglichkeit, so könnte man hinzufügen, hat sich offenbar realisiert. In bezug auf (2) hätte die klärende Bemerkung darin zu bestehen, daß ein *prognostisches Argument*, welches sich auf die tatsächlichen Gesetze gestützt hätte, zur Voraussage nicht-E gelangt wäre und daß sich an der Gültigkeit dieser Begründung nichts ändere, wenn E eingetreten sei. Wollte man darauf insistieren, daß eine Erklärung ein *Argument* sein *müsse*, so hätte man eine unhaltbare Konsequenz zu ziehen. Da sich an der Rationalität des prognostischen Begründungsargumentes auch nach Eintreten von E nichts ändert, müßte das erklärende Argument entweder mit diesem Begründungsargument zusammenfallen oder aus diesem Argument nach Hinzufügung gewisser pragmatischer Umstände bestehen. *Es ist aber absurd, ein Argument (oder ein Argument plus sonstwas) eine Erklärung von E zu nennen, wenn dieses Argument die ‚Conclusio' nicht-E hat.*

So müssen wir uns in einem solchen Fall damit begnügen, einige Erläuterungen zu geben, im übrigen aber bedauernd mit den Achseln zu zucken um dem Fragenden zu sagen: „Wenn du dich mit deiner Frage von der Leibniz-Bedingung — d. h. von der Erwartung, daß die Antwort diese Bedingung erfüllt — nicht losreißen kannst, so können wir dir leider nicht helfen. Und wenn du außerdem glaubst, daß der Gegensatz zwischen dem, was vernünftigerweise zu erwarten war, und dem, was tatsächlich eingetroffen ist, behoben wird, so können wir dir ebenfalls nicht helfen."

Es dürfte zur Klärung beitragen, an dieser Stelle einige Bemerkungen zu den Auffassungen der drei Autoren zu machen, welche die bisher wichtigsten Arbeiten zu dem vorliegenden Thema verfaßt haben.

Was die Untersuchungen von Hempel betrifft, so sollte man zwischen zwei Arten von Erörterungen, die seinen Explikationsversuch betreffen, scharf unterscheiden. Die erste Art von Diskussionen bezieht sich auf das Explikandum; die zweite Art hat technische Details der Explikation selbst zum Gegenstand. Was das *Explikandum* betrifft, so ist dieses, ebenso wie im deduktiv-nomologischen Fall, überhaupt nicht der Begriff der Erklärung, sondern ein Typus von *Begründung*, zu dem die rationale Prognose das intuitive Paradigma abgibt. Daß es sich im deduktiv-nomologischen Fall so verhält, kann nicht unmittelbar einsichtig gemacht werden. Es ergibt sich erst im Verlauf einer genauen Diskussion der Explikationsversuche des Begriffs der strikten Erklärung in formalen Modellsprachen. Wie in (VII) angedeutet und in Kap. X von Bd. I, [Erklärung und Begründung], näher ausgeführt wurde, *dürfte jede derartige Explikation des Erklärungsbegriffs*, die erstens Erklärungen *als Argumente* deutet und die zweitens *nur mit logisch-semantischen, nicht jedoch auch mit pragmatischen Hilfsmitteln arbeitet*, *zum Scheitern verurteilt sein*; und zwar einfach deshalb, *weil mit dieser Explikationsaufgabe das ursprüngliche Thema gewechselt wurde:* Ziel der Explikation ist es nicht mehr, den Typus von korrekten Antworten auf *Erklärung* heischende Warum-Fragen zu charakterisieren, sondern als korrekt empfundene Antworten auf *epistemische* Fragen zu beschreiben.

Hempel spricht von epistemischen Warum-Fragen, wodurch eine gewisse Parallelisierung zu den Erklärung heischenden Fragen hergestellt wird. In der Tat *kann* man Fragen von dieser Art in der Form stellen: „warum *glaubst* du das"? Da auf Fragen nach dem Warum eines Glaubens oder einer Überzeugung u. a. *auch eine irrationale und doch korrekte Antwort* gegeben werden kann, wäre es besser, epistemische Fragen in der Form zu stellen: „*woher weißt du das?*" Begründungen stellen Antworten auf Fragen dar, die zumindest übersetzbar sind in Fragen, die mit den Worten: „*warum glaubst du, daß . . .?*" oder: „*woher weißt du, daß . . .?*" beginnen. Wenn solche Fragen nicht zugleich jene Fragen beantworten, die man in der Form: „warum *ist* (*war*) das so?" stellen kann, so haben wir es mit Begründungen zu tun, die keine Erklärungen sind. Dies ist natürlich keine Explikation, sondern ein intuitiver Hinweis. Auf das Problem der Explikation des Begriffs der Ursache kommen wir in 4.a zu sprechen.

In demjenigen Falltyp, wo die benützten Gesetze statistischer Natur sind, hat Hempel an einer Stelle den Übergang vom einen Explikandum zum anderen sogar ausdrücklich vollzogen. In [History], S. 14, heißt es, daß eine induktive Erklärung "*explains* a given phenomenon by showing that, in view of certain particular facts and certain statistical laws, its occurrence was to be expected with high logical, or inductive, probability." Der Übergang von "*explains*" zu "was to be *expected*" ist der Übergang vom Thema *Erklärung* zum Thema *Begründung*. Daß es sich tatsächlich um einen *Wechsel des Themas* handelt, wird u. a. durch solche Beispiele wie das in (VII) gegebene gezeigt. Denn der Schluß auf das männliche Geschlecht des US-Präsidenten liefert zwar sicherlich jedem, der dieses Geschlecht weder kennt noch es durch anderweitige Informationen und Schlüsse herausbekommen kann, *eine vernünftige Begründung der Annahme, daß dieses Geschlecht männlich ist.* Es wird hingegen kaum jemanden geben, der bereit sein wird, diese Begründung *als eine (naturwissenschaftliche) Erklärung des Faktums selbst* zu akzeptieren.

Hat man sich klargemacht, daß das Explikandum „*Statistische Begründung*" und nicht „*Statistische Erklärung*" heißt, so kann man zu Hempels Explikationsversuch zurückkehren. Die Analyse Hempels muß dann nach wie vor als die entscheidende Pionierleistung für die Explikation dieses Begriffs betrachtet werden. Allerdings scheint es mir, daß dieser Versuch aus drei Gründen modifikationsbedürftig ist: Erstens bildete für die letzte (und relativ komplizierte) Fassung von Hempels Regel ein Gegenbeispiel von Grandy gegen den früheren Versuch den Ausgangspunkt der Begriffsexplikation. Dieses Beispiel ist jedoch fehlerhaft, wie wir in Abschnitt 3 erkennen werden. Es wird daher *ein neuer Ausgangspunkt zu wählen* sein. Zweitens muß die Explikation durch eine geeignete Zusatzbestimmung *das* in (II) angeführte *Paradoxon der irrelevanten Gesetzesspezialisierung beheben*, von dem auch der Hempelsche Explikationsversuch betroffen wird. Wie dies zu geschehen hat, ist im Prinzip von Salmon in „Statistical Explanation", S. 193, angedeutet worden. Schließlich wird drittens noch der bereits in 2.b erörterten *nomologischen Implikation* Rechnung zu tragen sein.

Statistische Begründungen bilden nach unserer Auffassung einen wichtigen Spezialfall statistischen Schließens. Solches Schließen sollte man aus den genannten Gründen nicht Erklärung nennen. In diesem Punkt scheint Übereinstimmung mit der Auffassung von R. Jeffrey zu bestehen, der in [Statistical Inference], S. 108, ausdrücklich feststellt: "I think it misleading to think of statistical inference as being an explanation at all." Leider hält Jeffrey diese Auffassung nicht konsequent durch. Er vertritt a. a. O., S. 107, die Meinung, daß wir zwar *manchmal* mittels Schließen auch erklären, daß wir jedoch *nicht nur* durch Schließen erklären. In dem Fall, wo die Wahrscheinlichkeit außerordentlich groß ist, so daß wir ‚praktische Sicherheit' gewinnen können, ist es nach ihm statthaft, statt von bloßem statistischen Schließen von *statistischen Erklärungen* zu sprechen.

Gegen diese Auffassung lassen sich drei Einwendungen vorbringen. Erstens müßten wir die Wahrscheinlichkeit genau angeben, bei der eine Begründung eine Erklärung wird; jede derartige Angabe aber wäre *reine Willkür*. Zweitens kommt es im alltäglichen Leben wie in der Natur vor, *daß sich ungeheuer Unwahrscheinliches ereignet.* Vorher bestand für uns in solchen Situationen eine praktische Sicherheit dafür, daß es sich *nicht* ereignen werde. Für den menschlichen Bereich wähle man etwa das Meteoritenbeispiel. (Welcher geistig normale Mensch auf dieser Erde ist nicht von der praktischen Sicherheit beherrscht, nicht von einem Meteoriten erschlagen zu werden?) Für den außermenschlichen Bereich kann man ein Beispiel von folgender Art angeben: Vorgegeben sei ein großes Stück Uran 238. Angenommen, wir hätten eine Methode, um ein bestimmtes Atom dieses Stückes zu identifizieren und ihm einen Namen zu geben. Wie groß ist die Wahrscheinlichkeit, daß dieses Atom in den nächsten 5 Minuten zerfallen wird? Sie ist ungeheuer gering; denn die Halbwertszeit von ^{238}U beträgt $4{,}5 \cdot 10^9$ (= 4,5 Milliarden Jahre). Und trotzdem *werden* in den nächsten 5 Minuten einige Atome zerfallen und das Benannte *könnte* sich darunter befinden. Schließlich zeigt auch die entsprechende Modifikation des Beispiels aus (VII), daß die Annahme von Jeffrey nicht haltbar ist: *Der dortige Schluß wird nicht dadurch zu einer Erklärung des männlichen Geschlechtes des US-Präsidenten, daß die ‚statistische Dichte'* der *Hermaphroditen ungeheuer abnimmt.*

Wir gelangen daher zu dem Ergebnis, daß der im vorletzten Absatz zitierte Satz von Jeffrey *ausnahmslose Gültigkeit* besitzt. Heißt dies nun, daß wir *nur* den als Spezialfall des statistischen Schließens zu deutenden Begriff der statistischen Begründung zulassen sollen?

Die Antwort darauf ist verneinend. Die Untersuchungen Salmons in "Statistical Explanation" zeigen, daß man sich das Ziel setzen kann, einen weiteren wichtigen Begriff zu explizieren. Salmon gibt seinem Explikat, *das nicht in einem Argument, sondern in einer Klasse von statistischen Wahrscheinlichkeitsaussagen sowie in einigen Zusatzbestimmungen besteht,* den Namen „statistische Erklärung". Abgesehen von dieser Bezeichnung werden wir später den Grundgedanken von Salmon übernehmen. Wir werden von einer *statistisch-kausalen Minimalanalyse* sprechen. Denn was hier geliefert wird, ist nicht die Antwort auf eine Erklärung heischende Warum-Frage, die sich auf ein konkretes Ereignis bezieht, sondern eine Analyse der für das Ereignis bekannten Ausgangswahrscheinlichkeit (‚Apriori-Wahrscheinlichkeit') in ein ganzes *probabilistisches Verteilungsspektrum,* in welchem neben einer Reihe von Wahrscheinlichkeitsaussagen, welche zusammen mit der Ausgangswahrscheinlichkeit eine Klasse von *statistischen Relevanzfeststellungen* über das fragliche Ereignis ermöglichen, auch die zur Bestimmung der Endwahrscheinlichkeit (‚Aposteriori-Wahrscheinlichkeit') erforderliche statistische Hypothese angeführt wird. Das Wort „Erklärung" kann hier nur metaphorisch gebraucht werden: Die Bedeutung dieses Ausdruckes würde hier mehr einer Wendung von der Art „das Funktionieren eines komplizierten Systems erklären" als „ein Ereignis erklären" entsprechen. Denn was dabei erklärt wird, ist, wie wir noch sehen werden, *das Funktionieren eines mehr oder weniger komplizierten statistischen Mechanismus,* welcher uns das Auftreten des fraglichen Ereignisses verständlich macht.

Salmon beschäftigt sich a. a. O., S. 192ff. kritisch mit Hempels Regel der maximalen Bestimmtheit in der ursprünglichen Fassung. Er bringt zwei Einwendungen vor und macht einen Verbesserungsvorschlag, welcher dem ersten Einwand begegnen soll. Salmon vertritt die Auffassung, daß eine befriedigende Überwindung aller Schwierigkeiten nur durch Preisgabe der Hempelschen Annahme erzielbar ist, eine statistische Erklärung sei ein Argument.

Ich ziehe aus Salmons Kritik einen ganz anderen Schluß: Die von Salmon hervorgehobenen Mängel sind korrigierbar, ohne das Hempelsche Verfahren im Prinzip zu ändern. Was wirklich zu ändern ist, betrifft die Annahme über das Explikandum: Hempel hat nicht den Erklärungsbegriff, sondern *ein davon ver-*

schiedenes Explikandum zu explizieren versucht. Das Analoge gilt von SALMONs Untersuchungen selbst: *Auch sein Explikandum ist nicht ein Erklärungsbegriff.*

Dazu muß die Feststellung hinzutreten, daß die beiden Explikanda voneinander verschieden sind: Im ersten Fall geht es um die Klärung eines statistischen Begründungsbegriffs, im zweiten Fall um die Explikation des Begriffs der statistisch-kausalen Minimalanalyse. *Aus diesem Grund sind die Explikationsversuche von* HEMPEL *und von* SALMON *überhaupt keine miteinander konkurrierenden Präzisierungsvorschläge. Vielmehr handelt es sich um Theorien über verschiedene Gegenstände.* Es besteht nur insoweit eine gewisse Parallele, als *gewisse* der von uns angeführten Probleme — z. B. das Problem der irrelevanten Gesetzesspezialisierung — *beide Male* auftreten und daher auch in *beiden* Fällen *derselbe* Begriffsapparat zu verwenden ist, um diese Schwierigkeiten zu beheben. Dies wird in den folgenden Analysen genauer zutage treten.

Am Schluß werden wir sehen, daß es unter gewissen Umständen möglich ist, drei ‚Analysen' zu geben, die in glücklicher Weise zusammenpassen: erstens eine statistisch-kausale Minimalanalyse, die sich zweitens mit einem Begründungsargument partiell deckt und die drittens die Eigenschaft hat, daß die Endwahrscheinlichkeit die Ausgangswahrscheinlichkeit überwiegt. Wenn man will, kann man dies eine *statistische Erklärung* nennen. Es muß aber beachtet werden, daß es nicht allein von uns abhängt, ob eine solche Erklärung möglich ist oder nicht. Nur statistische Analysen können prinzipiell immer gegeben werden. Eine Begründung ist nur bei *bestimmten* Wahrscheinlichkeitsverteilungen möglich; denn eine Begründung muß die Leibniz-Bedingung erfüllen. Selbst wenn wir aber annehmen, daß derartige Verteilungen vorliegen sollten, ist die partielle Deckung von Analyse und Begründung sowie das Überwiegen der Endwahrscheinlichkeit nicht in unser Belieben gestellt. Ob diese beiden zusätzlichen Bedingungen erfüllt sind, hängt vom Zufall ab.

3. Statistische Begründungen statt statistische Erklärungen. Der statistische Begründungsbegriff als Explikat der Einzelfall-Regel

In den bisherigen Diskussionen in 2.b bis 2.d ist die Schwierigkeit (II) nicht erwähnt worden. Diese Schwierigkeit läßt sich durch separate Überlegungen nicht ‚abschütteln' oder ‚auflösen', wie die von uns als Pseudoschwierigkeiten erkannten Probleme. Vielmehr muß sie im Rahmen der Begriffsexplikation selbst überwunden werden. Genauer gesprochen, müssen wir sie zweimal bewältigen: bei der Explikation des statistischen Begründungsbegriffs und bei der Explikation des Begriffs der statistisch-kausalen Minimalanalyse. Nur mit dem ersten Explikat beschäftigen wir uns augenblicklich. Doch sei schon hier angekündigt, daß die gedankliche Prozedur im zweiten Fall dieselbe sein wird.

Zuvor aber sollte noch ein Wort zur Schwierigkeit (I) gesagt werden, die in 2.d nur nebenher erwähnt worden ist. Diese Paradoxie werden wir ebenfalls ‚abschütteln', aber in völlig anderer Weise, als wir dies bei den Schwierigkeiten (IV) bis (VI) taten: Wir werden das Problem nicht überwinden, bevor wir in eine Begriffsexplikation eintreten, sondern wir werden es dadurch beseitigen, *daß wir den Begriff der statistischen Erklärung überhaupt preisgeben.*

Das Problem ist nämlich absolut unlösbar, wenn man von der These ausgeht, Erklärungen seien stets als Argumente zu konstruieren, als Argumente nämlich, die erklären sollen, warum sich das ereignet hat, was sich tatsächlich ereignete. Eine kurze intuitive Vorbetrachtung, welche an die entsprechenden Stellen von 2.d anknüpft, möge dies zeigen. Wir betrachten eine Situation, welche die folgenden drei Bedingungen erfüllt: (1) sehr Unwahrscheinliches habe sich ereignet; (2) eine nicht-statistische Erklärung stehe nicht zur Verfügung; (3) das Ereignis möge nicht den Anlaß dafür bilden, die statistische Hypothese preiszugeben (d. h. der Fall wird *nicht* im Kontext der Hypothesenprüfung betrachtet).

Beispiel: Ich besitze seit längerer Zeit einen Würfel, für den es aufgrund von tausendfacher Benützung als gesichert gilt, daß er homogen ist. Es wird daher nicht daran gezweifelt, daß dem Würfel ein Laplacescher Wahrscheinlichkeitsraum zuzuordnen ist. Ich würfle mit ihm 8-mal; jeder Wurf ist ein Sechserwurf. Es wird die Aufgabe gestellt, dieses Phänomen zu erklären. Dabei werden aber nur statistische ‚Makro-Argumente' zugelassen; kausale ‚Mikro-Argumente' werden verboten. Sofern man ein solches Verbot für unzulässig hält, muß man ein anderes Beispiel mit unwahrscheinlichem Ausgang nehmen, wo eine derartige Mikro-Analyse im Prinzip unmöglich ist, etwa ein Beispiel aus dem radioaktiven Zerfall.

Wir gehen von der Situation vor dem Eintreffen des Ereignisses aus. Es soll ein Argument zugunsten dessen vorgebracht werden, *was vernünftigerweise zu erwarten ist.* Unter den genannten Voraussetzungen muß ein solches Argument, wie immer es genau zu rekonstruieren ist, zu dem Schluß führen, daß sich mit großer Wahrscheinlichkeit etwas ereignen werde, das von dem verschieden ist, was sich später tatsächlich ereignet. Als korrektes Argument ist diese Begründung zeitinvariant, d. h. sie gilt auch nach Eintritt des Ereignisses. Das bedeutet: *Wir verwerfen die Begründung nach erfolgter Beobachtung nicht als unrichtig, sondern halten an ihr weiterhin als einer korrekten Begründung fest und fügen nur die Feststellung hinzu, daß sich etwas ereignete, was vom rationalen Standpunkt aus nicht zu erwarten gewesen ist.* Würden wir nun ein Erklärungs*argument* zu konstruieren versuchen, welches über dieselben Ausgangsdaten und statistischen Gesetze verfügt, so würden wir in einen Konflikt mit dem ersten Argument geraten. Da dieses Argument ex hypothesi korrekt ist, müßte das zweite falsch sein. Dies gilt von allen derartigen Argumenten. *Also kann es überhaupt keine erklärenden Argumente geben;* denn wir können die Gültigkeit unserer Argumente nicht vom zufälligen Ausgang statistischer Mechanismen abhängig machen. Wenn daher jemand fragt, ob das, was sich ereignete, rational zu erwarten war, müssen wir antworten: „Nein; denn . . ." (und jetzt folgt das Begründungsargument, dessen genaue Struktur wir zu explizieren haben). Wenn der Fragende dann weiter bohrt: „Aber warum hat sich denn *dies* ereignet? (Warum waren die ersten 8 Würfe mit diesem homogenen Würfel alle Sechserwürfe?)", so müssen wir erwidern: „Falls du eine Erklärung erwartest, welche die Leibniz-Bedingung erfüllt, so kann deine Frage nicht beantwortet werden. *Denn eine diese Bedingung erfüllende Erklärung existiert nicht.* Wenn du hingegen nicht verlangst, daß eine die Leibniz-Bedingung erfüllende Antwort auf deine Warum-Frage gegeben wird, so kann ich die Antwort geben, welche *immer* passend ist, wo das Geschehen nur statistischen Gesetzen unterliegt, nämlich: *Es geschah durch Zufall.*" Diese letzte Antwort ist natürlich ebenfalls *kein Argument.*

Zieht man sich hingegen auf den schwächeren Begriff der Begründung zurück, so ist (I) *überhaupt keine Schwierigkeit.* Wir können zunächst eine Begründung dafür geben, welches Ereignis oder welcher Ereignistyp rational zu erwarten ist. Und nach Bekanntwerden des tatsächlichen Ereignisses können wir bedauernd hinzufügen: „Leider ist es anders gekommen. Es hat sich etwas ereignet, das nicht zu erwarten war. So etwas kann bei Zufallsprozessen immer vorkommen." Dies ist eine resignierende Feststellung, *aber auch nicht mehr. Insbesondere impliziert diese Feststellung in keiner Weise eine Zurücknahme des Begründungsargumentes, welches nach wie vor Gültigkeit hat.* (Hätte es sich um ein *erklärendes Argument* gehandelt, so müßten wir dieses jetzt zurücknehmen, was paradox ist; denn wie kann man die Gültigkeit eines korrekten Argumentes davon abhängig machen, was sich zufälligerweise ereignet?)

Nach dieser Vorbetrachtung wenden wir uns der Explikationsaufgabe zu. Für unser intuitives Ausgangsmodell dürfen wir nicht erklärende Argumente nehmen. Wir wählen statt dessen *Voraussage-Argumente*[27]. Wie ist ein prognostisches Begründungsargument zu explizieren, welches sich nur auf statistische Gesetzmäßigkeiten stützt? Zur Beantwortung dieser Frage knüpfen wir an HEMPELs Analyse an. Daß wir an dieser Explikation Modifikationen vornehmen müssen, wissen wir bereits; denn wir haben das Explikat auf solche Weise zu ändern, daß die Paradoxien der nomologischen Implikation und der irrelevanten Gesetzesspezialisierungen nicht mehr auftreten.

Es gibt noch einen weiteren, davon vollkommen unabhängigen wichtigen Grund für eine Modifikation. Dazu müssen wir uns die Ausgangsbasis von HEMPELs Überlegungen in [Maximal Specificity] vergegenwärtigen. (Sie sind in [Erklärung und Begründung] im Detail geschildert in Kap. IX, Abschnitt 13, insbesondere auf S. 695—699.) Die folgenden Betrachtungen enthalten eine *rein immanente Kritik* der Hempelschen Formulierungen. (Diese Überlegungen sind so gehalten, daß sie auch von denjenigen Lesern verstanden werden können, die mit den Ausführungen von Bd. I, Kap. IX, nicht vertraut sind. Doch können die folgenden in Petit-Druck gesetzten Betrachtungen bei der Lektüre ohne Beeinträchtigung des Verständnisses übersprungen werden.)

---

[27] Ebenso könnten wir retrodiktive Argumente als Paradigmata wählen; vgl. dazu das Beispiel Nr. 2 von (VII).

Wie die Analyse des Weges zeigt, auf dem HEMPEL zur Endfassung seiner Regel gelangte, wurden die in dieser Regel enthaltenen Komplikationen nicht durch das a. a. O. auf S. 698 referierte Gegenbeispiel von WÓIJICKI und auch nicht durch die a. a. O. auf S. 691 f. geschilderten Kritiken von HUMPHREYs und MASSEY hervorgerufen. Denn die Überlegungen all dieser Autoren erzwangen lediglich die Aufnahme von Zusatzbestimmungen, durch welche die *Gesetzesartigkeit* der statistischen Hypothesen garantiert wird (vgl. die Regeln (N_1) und (N_2), a. a. O. S. 691 und S. 692). Vielmehr war es das auf S. 695 von [Erklärung und Begründung] geschilderte Beispiel von R. GRANDY, welches HEMPEL veranlaßte, seine Regel der maximalen Bestimmtheit stark zu modifizieren. Da mir leider erst unmittelbar nach Veröffentlichung des ersten Bandes aufgefallen ist, daß dieses Beispiel auf einem Denkfehler beruht, sei es hier nochmals angeführt. (Ich übernehme auch die dortige Numerierung der beiden ‚induktiven Argumente', damit der Leser die jetzige Kritik ohne Mühe mit dem dortigen ausführlichen Text vergleichen kann.)

A_t sei die Klasse der zur Zeit t akzeptierten Propositionen. Gemäß der idealisierenden *Rationalitätsannahme* soll vorausgesetzt werden, daß diese Klasse erstens *logisch konsistent* und zweitens *in bezug auf die logische Folgebeziehung abgeschlossen* sei (vgl. a. a. O., S. 658). GRANDY nimmt nun in seinem Beispiel an, daß die vier Prämissen der folgenden Argumenten in A_t enthalten seien:

$$\text{(36)} \qquad \frac{\begin{array}{c} p(G, F \vee G) = 0{,}9 \\ Fb \vee Gb \end{array}}{Gb} \; [0{,}9]$$

und:

$$\text{(37)} \qquad \frac{\begin{array}{c} p(\neg G, \neg F \vee G) = 0{,}9 \\ \neg Fb \vee Gb \end{array}}{\neg Gb} \; [0{,}9].$$

Wie die Heranziehung der ursprünglichen Fassung von HEMPELs Regel (vgl. a. a. O. S. 668f.) zeigt, werden gemäß dieser Regel beide Argumente zugelassen. (Denn die einzigen echten Teilklassen der durch die Prädikate $F \vee G$ und $\neg F \vee G$ designierten Klassen ist die durch G bezeichnete Klasse; $p(G, G) = 1$ aber ist ein Theorem der Wahrscheinlichkeitsrechnung.) Nun aber widersprechen die Konklusionen von (36) und (37) einander, so daß das Problem, welches HEMPEL die Mehrdeutigkeit der statistischen Systematisierung nennt, wieder aufzutreten scheint. GRANDY glaubte damit gezeigt zu haben, daß HEMPELs ursprüngliche Fassung der Regel *zu liberal* sei, und HEMPEL schloß sich dieser Auffassung an.

Tatsächlich läßt sich jedoch diese Schwierigkeit auf eine ganz elementare Weise beseitigen, ohne auf eine verbesserte Form der Hempelschen Regel zurückgreifen zu müssen. Sowohl GRANDY als auch HEMPEL (und auch ich, als ich den Bd. I verfaßte) haben übersehen, daß die singuläre Conclusio Gb des ersten ‚induktiv-statistischen Argumentes' eine logische Folgerung der beiden bereits in A_t enthaltenen singulären Prämissen ist, d. h. daß gilt:

$$Fb \vee Gb,\ \neg Fb \vee Gb \Vdash Gb.$$

Hat man dies einmal erkannt, so kann man folgendermaßen weiterschließen: Da A_t nach der Rationalitätsannahme in bezug auf die logische Folgebeziehung abgeschlossen ist, *muß Gb bereits Element von A_t sein, und zwar ganz unabhängig vom Argument* (36). Da A_t außerdem als konsistent vorausgesetzt worden ist, darf Gb, die Conclusio von (37), darin *nicht* vorkommen. Auch dies ergibt sich allein aus der Kenntnis der strukturellen Eigenschaften von A_t. Durch unser Wissen über A_t allein gewinnen wir also die folgende Erkenntnis: (36) ist ein *überflüssiges*

Argument; denn seine Conclusio kommt, wie wir aufgrund eines *deduktiven* Schlusses wissen, ohnehin schon in A_t vor. (37) hingegen ist in dem Sinn *unzulässig*, als seine Conclusio $\neg$ *Gb* wegen der Konsistenzvoraussetzung nicht in A_t vorkommen darf.

(*Anmerkung*. Wer die Abgeschlossenheitsforderung in bezug auf *alle* logischen Folgerungen wegen der Unentscheidbarkeit des allgemeinen Folgerungsbegriffs für eine zu starke Idealisierung hält, kann diese durch die folgende, weit schwächere Minimalbedingung ersetzen: A_t muß abgeschlossen sein in bezug auf solche Folgebeziehungen, *für welche zu t ein Entscheidungsverfahren verfügbar ist.* Die eben geschilderte Behebung der Grandyschen Paradoxie würde dann weiterhin gelten; denn *Gb* wurde ja durch einen elementaren *junktorenlogischen* Schluß aus den beiden singulären Prämissen gefolgert.)

Man könnte vielleicht meinen, daß das Beispiel trotzdem noch immer so etwas wie eine Paradoxie enthalte. Denn wie kann das verfügbare Wissen einer Aussage, nämlich $\neg$*Gb*, eine hohe Wahrscheinlichkeit zuteilen, wenn das Gegenteil davon, nämlich *Gb*, als wahr gewußt wird? Diese Paradoxie ist jedoch nur eine scheinbare. Es handelt sich um nichts anderes als um eine Variante unseres Problems (I). Auch dort lag ja in unserem Würfelbeispiel die folgende Situation vor: Nachdem acht Sechserwürfe mit dem homogenen Würfel erzielt worden waren, war dieses Beobachtungswissen Element der von uns als wahr akzeptierten Aussagen. Trotzdem mußten wir auch *im nachhinein* sagen, *daß die Negation dieses Beobachtungswissens vernünftigerweise zu erwarten war.* Diese Situation, in der wir von einem Ereignis Kenntnis erlangen, unser anderweitiges statistisches Wissen aber für das Nichteintreten dieses Ereignisses spricht, kann im probabilistischen Fall eben immer eintreten.

Jetzt entsteht für die Hempelsche Begriffsexplikation eine neuerliche Schwierigkeit[28]. Grandy bringt noch ein weiteres Argument, dem aber, wie der Vergleich zeigt, bereits durch die Bestimmung (b) von (MB_1) auf S. 697 Rechnung getragen wird. Da die Bestimmung (a) von (MB_1) *allein* durch das eben zurückgewiesene Beispiel von Grandy motiviert war, scheint es daher, *als könne man diese ganze Bestimmung* (a) *streichen und diese Vereinfachung auch in den Begriff der rationalen Annehmbarkeit auf* S. 699 *hinübernehmen.* (Um uns auf den Begründungsfall zu beschränken, dürften wir allerdings nur verlangen, daß die Prämissen, nicht jedoch die Conclusio *Gb* bereits Element von A_t ist. Nur die *logische Verträglichkeit* von A_t und *Gb* müßte verlangt werden). Das neue Problem besteht jetzt darin, *daß auf dieser abgeschwächten Basis das Adäquatheitsargument von* S. 700 — nämlich der Nachweis, daß durch diese Bestimmung die Mehrdeutigkeit der statistischen Systematisierung verschwindet —, *nicht mehr erbracht werden kann*[29].

Dieses Dilemma zeigt, daß die Versuche zur Formulierung einer Regel der maximalen Bestimmtheit in eine Sackgasse geraten sind, aus der man nur herauskommt, wenn man einen neuen Start macht.

Würden wir weiterhin am Gedanken festhalten, daß (auch) statistische Erklärungsargumente zu explizieren seien, so würde es sich als zweckmäßig erweisen, danach zu unterscheiden, ob es darum gehe, *eine akzeptierte Tatsache zu erklären* (Erklärung im engeren Sinn) oder darum, *einen Glauben an einen nicht bereits akzeptierten Sachverhalt zu begründen* (z. B. Prognose). Die erste Hälfte ist je-

[28] Die folgenden Bemerkungen sind nur für Kenner des Textes von [Erklärung und Begründung], S. 697—698 verständlich. Es wird hier ein zusätzliches Motiv dafür angegeben, warum der Hempelsche Ansatz preiszugeben ist.

[29] Den ursprünglichen Beweis, über den in [Erklärung und Begründung] in 8.g auf S. 672 berichtet worden ist, hatte Hempel selbst als unrichtig erkannt. Der Fehler wird a. a. O. im ersten Absatz von S. 696 analysiert.

doch für uns hinfällig. Es geht *nur* um Begründungen als Spezialfällen statistischen Schließens, also um die Beurteilung eines möglichen Sachverhaltes als eines solchen, *der mutmaßlich eintreffen wird*[30].

Innerhalb der folgenden Explikation des Begriffs der statistischen Begründung wird der problematische Begriff der Klasse A_t der zu einer Zeit t *akzeptierten* Sätze gebraucht[31]. Da dieser Begriff zu den umstrittensten epistemologischen Begriffen gehört und da es vor allem darauf ankommt, daß der Leser in diesen Begriff nicht zu viel hineindeutet, seien zwei Bemerkungen — eine sozusagen ‚negative' und eine ‚positive' Feststellung — vorangeschickt, die hoffentlich ausreichend sind, um eine für den gegenwärtigen Zweck erforderliche Klärung herbeizuführen:

(1) *Nicht* intendiert sind solche Bedeutungen, die durch die folgenden Wendungen ausgedrückt werden: „für richtig gehalten", „als wahr geglaubt", „als ‚definitiv' gesichertes Wissen vorausgesetzt". Zwar können in A_t auch solche Sätze vorkommen. In der überwiegenden Zahl werden die Elemente von A_t jedoch nur *provisorisch akzeptierte* Sätze sein. Zu den letzteren (und nicht zu den ersteren) gehören insbesondere die im gegenwärtigen Zusammenhang interessierenden statistischen Hypothesen.

(2) Man kann statistische Hypothesen, ebenso wie deterministische, *in zwei verschiedenen Arten von pragmatischen Kontexten* betrachten: im Kontext der *Überprüfung* und im Kontext der *Anwendung*. In der ersten Art von Kontexten bildet die Hypothese das *Objekt der Untersuchung*, den *Gegenstand des Problematisierens*. Herangezogene Beobachtungstatsachen dienen hier *nur* dem Zweck ‚nachzusehen, ob die Hypothese haltbar ist'. Im zweiten Kontext hingegen wird die Hypothese *als unproblematisch vorausgesetzt:* sie bildet *nicht den Gegenstand der Untersuchung*, sondern das *Mittel*, um evtl. gewisse Zukunftserwartungen (oder andere ‚epistemische Erwartungen') als rational auszuzeichnen, also *zu begründen*. Hier ist die statistische Hypothese etwas, ‚worauf wir uns bei unseren Voraussetzungen stützen'.

Die von Prof. Bar-Hillel im Rahmen einer Explikation der Popperschen Theorie vorgeschlagenen Unterscheidung zweier Begriffe von „Annehmen" dürfte in diesem Zusammenhang besonders illustrativ sein[32]. Eine Hypothese wird *angenommen*$_1$, wenn sie als Kandidat für einen Test ausge-

[30] Wir erinnern nochmals daran, daß das absurde erste Beispiel von (VII) für die ‚Erklärung' des männlichen Geschlechtes des US-Präsidenten eines der bisherigen Motive für die Preisgabe des Begriffs der statistischen Erklärung als eines Argumentes war. Wir erinnern ferner daran, daß die Absurdität verschwand, sobald man diese Argumentform nicht mehr dafür verwendete, *um ein Faktum zu erklären*, sondern dafür, um etwas, das man vorher noch nicht wußte, *zu erschließen.*

[31] Es soll dabei stets offen gelassen werden, wie groß der Personenkreis ist, auf den in diesem pragmatischen Begriff bezug genommen wird. Die beiden zulässigen Grenzfälle sind: eine einzige ‚idealisierte rationale Person'; die Gesamtheit aller Wissenschaftler einer Zeit.

[32] Ich habe darüber kurz referiert in [Induktion] S. 26/27.

wählt worden ist. (In der Terminologie von Teil III wäre dies die sog. Nullhypothese.) Hat eine Hypothese den Test bestanden (in der Popperschen Terminologie: hat sie sich bewährt), so wird sie *angenommen*$_2$. Während diejenigen Hypothesen, die erst das Objekt der Untersuchung bilden, angenommen$_1$, aber nicht angenommen$_2$ sind, haben wir es, wenn wir von den akzeptierten Hypothesen in A_t sprechen, immer mit solchen zu tun, ,welche den Test schon bestanden haben', also mit Hypothesen, die akzeptiert sind im Sinn von *angenommen*$_2$.

Die Unterscheidung der beiden Kontexte ist natürlich damit verträglich, daß man von dem hier vorausgesetzten zweiten pragmatischen Situationstyp stets zum ersten zurückkehren, d. h. den Begründungskontext verlassen und durch den Prüfungskontext ersetzen kann. In der bisherigen Diskussion bildete der Umstand eine wichtige Rolle, daß Unwahrscheinliches sich ereignen kann. So etwas kann man natürlich nur sagen, wenn man über eine Hypothese verfügt, die angenommen$_2$ ist. Wenn sich ,immer wieder' Unwahrscheinliches ereignet, wird man dies zum Anlaß nehmen, die fragliche Hypothese selbst wieder zum Gegenstand des Problematisierens zu machen, also Untersuchungen von der Art anstellen, wie sie in Teil III geschildert worden sind. In der obigen Terminologie heißt dies: die Hypothese wird dann nur als angenommen$_1$, nicht jedoch als angenommen$_2$ betrachtet. Unter welchen Bedingungen eine solche ,Umschaltung vom einen zum andern Kontext' stattfindet (bzw. stattfinden sollte) und ob sich diese Bedingungen präzisieren lassen, spielt für unsere Überlegungen keine Rolle. Es genügt sich zu merken, daß statistische Hypothesen nur solange für Begründungszwecke verwendbar sind, als sie angenommen$_2$ sind.

Die Paradoxie, *daß akzeptierte Sätze* nach der weiter unten gegebenen Explikation *nicht begründet werden können*, ist nur eine scheinbare: Sie alle können jederzeit *wieder* zum Gegenstand des Problematisierens und damit zum möglichen Objekt einer Begründung gemacht werden. Vorausgesetzt werden muß nur, daß sie in dem Kontext, in welchem sie für eine Begründung *verwendet* werden, *als angenommen*$_2$ *zu betrachten* sind.

Wir gehen jetzt dazu über, das Explikat für den statistischen Begründungsbegriff zu formulieren. Entsprechend der Unterscheidung zwischen einer *gut bestätigten* und einer *richtigen* Erklärung könnte das Explikat *in zwei Varianten* vorgeschlagen werden, in einer *epistemisch relativierten* und in einer *absoluten* Variante. Da die zweite aber kaum von praktischem oder philosophischem Interesse ist, beschränken wir uns auf die erste. Für beide Varianten wird folgendes vorausgesetzt:

(1) A_t ist die Klasse der zur Zeit t akzeptierten Sätze. A_t ist konsistent.

(2) A_t ist abgeschlossen in bezug auf gewisse logische Transformationen. Die Klasse dieser Transformationen enthält mindestens die logischen Folgerungen, für welche zur Zeit t ein Entscheidungsverfahren besteht.

Wir werden sagen, daß ein Satz S_1 einen anderen Satz S_2 nomologisch impliziert, wenn es (wahre) Gesetze gibt, so daß aus S_1 und diesen Gesetzen S_2 folgt. Sind diese Gesetze Elemente von A_t, so sprechen wir von A_t-

nomologischer Implikation. Sinngemäß übertragen wir diese Begriffe auch auf Prädikate: „F_1“ impliziert „F_2“ logisch bzw. nomologisch, wenn $\wedge x(F_1 x \rightarrow F_2 x)$ logisch wahr bzw. eine Folgerung von Gesetzen ist.

Wir sagen: Das geordnete Paar $\langle\{p(G, F) = q, Fa\}, Ga\rangle$ bildet *eine statistische Begründung für Ga zur Zeit t* nur dann wenn gilt:

(1) $\{p(G,F) = q, Fa\} \subseteqq A_t$;

(2) $Ga \notin A_t$;

(3) „F“ und „G“ sind nomologische Prädikate;

(4) $q > \frac{1}{2}$ (verschärfter Alternativvorschlag: q liegt nahe bei 1);

(5) Für jedes nomologische Prädikat „F'“ und jedes r gilt:
   (a) wenn $\{p(G,F') = r, F'a, F' \subsetneqq F\} \subseteqq A_t$, dann $r \geqq q$,
   (b) wenn $\{p(G,F') = r, F'a, F \subsetneqq F' \wedge \neg(F = F')\} \subseteqq A_t$, dann $r \neq q$.

Wir ergänzen diese notwendige Bedingung durch die Bestimmung:

(6) Wenn es kein $F^* \neq F$ gibt, das für irgendein $q^* \neq q$ die Bedingungen (1) bis (5) erfüllt, dann ist das geordnete Paar $\langle\{p(G,F) = q, Fa\}, Ga\rangle$ eine *statistische Begründung für Ga relativ zu A_t*. Gibt es mehrere solche F^*, so kann unter den entsprechenden Paaren *nach pragmatischen Gesichtspunkten frei gewählt* werden.

Für eine *inhaltliche Erläuterung und Rechtfertigung* ist zweierlei zu zeigen: erstens daß allen Schwierigkeiten und Einwendungen genügend Rechnung getragen ist; zweitens daß es sinnvoll ist, von einer Begründung zu sprechen, obzwar in dieser Bestimmung scheinbar überhaupt kein Argument vorkommt.

Die Bedingungen (1) und (2) besagen, daß zu t um die Richtigkeit von Fa sowie darum gewußt wird, daß $p(G,F)$ mindestens gleich q ist, daß hingegen *Ga keine* akzeptierte Tatsache ist, wie dies z. B. bei retrodiktiven und prognostischen Begründungen — zum Unterschied von der Erklärung bekannter Tatsachen — der Fall ist. Die Bedingung (2) könnte man daher auch so interpretieren, *daß ausdrücklich die Forderung zurückgewiesen wird, eine statistische Begründung lasse sich* (bei gegebenen pragmatischen Umständen) *auch als Erklärung anerkannter Tatsachen auffassen.* Für anerkannte Tatsachen gibt es nach unserer Auffassung *niemals* eine *effektive* Begründung, sondern höchstens eine *fiktive* Begründung in dem Sinn, daß man sich ‚in die Lage eines Menschen versetzen kann‘, der noch nicht um die Wahrheit von *Ga* weiß[33].

Mancher wird vermutlich geneigt sein, gegen diese Auffassung sofort Protest einzulegen und darauf hinzuweisen, daß es doch möglich sein müsse, *hypothetisches statistisches Wissen auf bekannte Tatsachen anzuwenden.* Dies will ich keineswegs

[33] Man beachte, daß *Ga* eine Tatsache sein kann; es darf nur keine *als gewußt akzeptierte* Tatsache sein; vgl. dazu das retrodiktive Argument des zweiten Beispiels in (VII).

leugnen. Ein derartiger Vorwurf würde nämlich auf einem voreiligen Schluß beruhen: Die hier vertretene Auffassung impliziert lediglich, *daß statistische Begründungen im explizierten Sinn nicht zu Erklärungen werden, wenn Ga akzeptiertes Tatsachenwissen darstellt.* Mit der Anwendung von statistischem Wissen auf Tatsachen werden wir uns noch ausführlich beschäftigen. Der Begriff, zu dem wir dabei gelangen werden, ist der Begriff der statistischen Analyse. *Dieser Begriff muß vollkommen unabhängig vom Begründungsbegriff expliziert werden!*

Die Bedingung (3) trägt dem Gesetzesparadoxon (Goodman-Paradoxon (XI)) Rechnung.

Daß „*F*" als nomologisch vorausgesetzt werden muß, ergibt sich aus dem Hempelschen Beispiel, über welches ich in [Erklärung und Begründung], S. 694, referierte. Daß auch „*G*" als nomologisch vorausgesetzt werden muß, folgt daraus, daß man die Goodmanschen Beispiele mit ‚zerrütteten Konsequenzprädikaten', wie „alle Smaragde sind grot", in statistische Beispiele transformieren kann.

Die Bedingung (4), sei es in der abgeschwächten, sei es in der verschärften Form, *garantiert die Erfüllung der Leibniz-Bedingung* und damit die Tatsache, *daß Ga eher zu erwarten als nicht zu erwarten ist.* Da es sich um eine Anwendung der Einzelfall-Regel *E.R.* handelt (mit den noch zu erörternden Qualifikationen in (5)), kann man von einem *Argument* zugunsten dessen, *was rational zu erwarten ist:* nämlich *Ga* statt $\neg$ *Ga*, sprechen.

Es ist wichtig, klar zu erkennen, *daß wir dabei weder offen noch versteckt einen Begriff der induktiven Wahrscheinlichkeit benötigen.* Die einzige Wahrscheinlichkeit, die benützt wird, ist die in der probabilistischen Hypothese vorkommende *statistische Wahrscheinlichkeit.* Auf diese Weise wird das ‚Weltanschauungsdilemma' (IX) behoben, und das Argumentationsdilemma (X) kann gar nicht erst auftreten.

Es möge jedoch folgendes beachtet werden: Wir machen zwar von einem probabilistischen Dualismus keinen Gebrauch. Wenn aber jemand die Auffassung vertritt, diesen Dualismus rechtfertigen und einen als Bestätigungsbegriff deutbaren Begriff der induktiven Wahrscheinlichkeit einführen zu können, *so kann er das obige Schema entsprechend ergänzen:* Die ‚Erwartung' *Ga* wäre dann relativ auf die Prämissen mit einem induktiven Wahrscheinlichkeitsindex zu versehen (der je nach der vertretenen Theorie entweder mit *q* identisch sein oder aber auch von *q* geringfügig abweichen könnte). Unsere Präsentation des statistischen Begründungsargumentes zeigt, daß es auch ohne diese zusätzliche Annahme geht. Selbstverständlich aber lassen wir dabei die Frage offen, wie der Begriff der statistischen Wahrscheinlichkeit selbst zu deuten ist.

Wir wenden uns jetzt der Bestimmung (5) zu. Die erste Teilbestimmung (a) garantiert, daß kein auf *a* zutreffendes Merkmal, welches stärker ist als *F*, entweder ‚dagegen' oder ‚weniger dafür' spricht, daß *a* auch die Eigenschaft *G* besitzt. Die zweite Teilbestimmung (b) garantiert, daß *F* eine *maximale* Klasse von der angegebenen Art ist. Diese Forderung dient dazu, das Auftreten des Paradoxons der irrelevanten Gesetzesspezialisierung im statistischen Begründungsfall zu verhindern. Denn wie die Beispiele von (II) zeigen, entsteht die Paradoxie stets dann, wenn durch die Hinzunahme irrelevanter Merkmale für die Gesetzeshypothese eine *engere* Bezugsklasse (statistischer Fall) bzw. eine *engere* Antecedensklasse (deterministischer Fall) gewählt wird, als es möglich wäre. Auf die Notwendigkeit dieser Revision hat bereits SALMON hingewiesen. Er betont in "Statistical Explanation", S. 193, daß die Hempelsche Forderung der maximalen Bestimmtheit nicht genüge, sondern daß diese zur Forderung der *Maximalklasse der maximalen Bestimmtheit* verschärft werden müsse. Tatsächlich wird durch die Zusatzforderung (5) (b) der Appell an Merkmale, welche für die Begründung irrelevant sind, ausgeschlossen.

Zur Illustration nehmen wir an, daß sich für das Neurosenbeispiel aus (II) aufgrund einer empirischen Untersuchung die Irrelevanz psychoanalytischer Behandlung B für die Heilung H von Neurosen N im Verlauf von zwei Jahren ergeben sollte. Diese Irrelevanz fände im statistischen Gesetz: $p(H,N) = p(H,N \cap B)$ ihren Niederschlag. Vor die Wahl gestellt, entweder diejenige statistische Hypothese zu benützen, die N als Bezugsklasse hat, oder diejenige mit der Bezugsklasse $N \cap B$ zu verwenden, müßten wir uns für N entscheiden, weil diese Klasse die zweite echt einschließt, der p-Wert aber in beiden Fällen derselbe ist.

Wir müssen uns auch noch davon überzeugen, daß die logische oder A_t-nomologische Implikation kein Unheil anrichten kann. Wie wir von früheren Schwierigkeiten her wissen, müssen wir dabei das Prädikat „F'" von (5) (a) aufs Korn nehmen. Sollte „G" durch das „F'" von (5) (a) logisch oder A_t-nomologisch impliziert werden, so enthielte A_t das statistische Gesetz $p(G,F') = 1$, und $r \geqq q$ wäre wegen $r = 1$ automatisch erfüllt. Wenn hingegen „$\neg G$" durch das gegenüber „F" stärkere Prädikat „F'" logisch oder A_t-nomologisch impliziert wird, d. h. wenn in A_t das Gesetz $\wedge x(F'x \rightarrow \neg Gx)$ vorkommt, so würde daraus und aus der Prämisse $F'a$ der Satz $\neg Ga$ deduktiv erschlossen werden können. Eine Begründung von Ga sollte in diesem Fall natürlich ausgeschlossen sein. Tatsächlich *ist* eine derartige Begründung auch nicht möglich, da wegen des eben zitierten Gesetzes $p(G,F') = 0$ in A_t vorkäme und damit die Bedingung (5) (a) verletzt wäre (denn für kein q, welches die Bedingung (4) erfüllt, kann $0 \geqq q$ gelten).

Durch diese Zwischenbetrachtung ist insbesondere gezeigt worden, daß das Dilemma der nomologischen Implikation (VIII) unseren Begriff der statistischen Begründung nicht bedroht.

Durch die Herausnahme der Zusatzbedingung (6) aus der Definition des Begründungsbegriffs wird die rationale Reaktion auf das Informationsdilemma (III) genau beschrieben: Wo die relevante Information fehlt, da fehlt sie eben; *kein* statistisches Begründungsargument ist daher zulässig. Ist hingegen die erforderliche Information verfügbar, so muß in einer Weise verfahren werden, die dem Vorgehen von Hempel bei der Formulierung der Regel der maximalen Bestimmtheit analog ist. Von einer bloßen Analogie müssen wir wegen der bereits geschilderten anderen Punkte sowie wegen der zusätzlichen Liberalisierung der Hempelschen Bedingung sprechen, die in der Ersetzung von „$r = q$" durch „$r \geqq q$" innerhalb der obigen Bestimmung besteht.

Es dürfte am zweckmäßigsten sein, diesen Punkt statt durch abstrakte Überlegungen durch Illustration an einem konkreten Beispiel zu erläutern. Wir knüpfen an das zweite Beispiel von Abschnitt 1, (VII), an. Angenommen, unserem Historiker im Jahr 9000 n. Chr. stehe die weitere Information zur Verfügung, daß der US-Präsident des Jahres 1971 früher ein Anwalt war und daß 92% der US-Anwälte in dem fraglichen Zeitraum Männer waren. Wird durch dieses Wissen die erste Begründung paralysiert oder wird sie durch eine zweite ergänzt oder muß sie durch eine andersartige ersetzt werden?

Zur Beantwortung dieser Frage müssen wir eine Differenzierung vornehmen. Falls *keine weitere Information* hinzutritt, so entsteht in der Tat das Informationsdilemma in abgeschwächter Form. Durch das folgende Gedankenexperiment kann man sich klarmachen, daß das ursprüngliche Argument zugunsten des männlichen Geschlechtes des US-Präsidenten hinfällig werden *könnte*: Angenommen, aus Gründen, die hier nicht interessieren, drängten die Zwitter in und vor dem fraglichen Zeitraum in den USA in den Anwaltsberuf. Dann könnte man aufgrund der gegebenen Informationen zwar noch immer eine Begründung dafür geben, daß Nixon ein Mann war. Doch würde dies nur mittels Ersetzung der ursprünglichen Begründung durch eine andere ermöglicht werden. Das in der ursprünglichen Begründung benützte statistische Gesetz $p(M, \neg W) = 0{,}999$ wäre hingegen nicht mehr benützbar. Wenn wir „K" für „zu dem fraglichen Zeitraum Anwalt sein" setzen, so haben wir nur die statistische Aussage $p(M,K) = 0{,}92$ für die Einsetzung an die entsprechende Stelle des Begründungsargumentes zur Verfügung; denn es könnte ja der Fall sein, daß die übrigen 8% von US-Bürgern mit dem Merkmal K zum größten Teil nicht aus Frauen, sondern aus Zwittern bestanden. Immerhin läßt sich die Begründung von Ma noch immer retten.

Wenn nur die Information Ka hinzutritt *und nichts weiter*, so ist damit allein die Begründung von Ma noch nicht blockiert. Diese neue Information könnte zwar im fraglichen Wissenschaftler den Gedanken aufkommen lassen, daß *vielleicht* die Hermaphroditen trotz ihres sehr seltenen Vorkommens einen großen Prozentsatz der US-Anwälte ausmachen. Aber der bloße Verdacht wird diese Begründung nicht annullieren. Erst wenn z. B. eine Aussage von der Gestalt: $p(Z,K) = 0{,}6$ als (für die fragliche Zeit) gesicherte Wahrheit gilt, muß die obige Begründung fallengelassen werden.

Der dritte Fall ist der, daß erstens beide statistische Hypothesen verfügbar sind, zweitens aber noch das Wissen darum, daß das Merkmal K für die Eigenschaft M in bezug auf $\neg W$ *statistisch irrelevant* ist, d. h. daß außer dem ersten statistischen Gesetz auch das folgende dritte Gesetz gilt: $p(M, \neg W \wedge K) = 0{,}999$. Dies ist nicht nur der plausibelste Fall — Irrelevanz des Berufs für die Eigenschaft der Männlichkeit unter den Nichtfrauen — sondern auch der interessanteste. *An diesem Punkt unterscheidet sich unsere Bestimmung von der Hempelschen.* Nach HEMPEL dürfte sich das statistische ‚Erwartungsargument' weiterhin nur auf das erste statistische Gesetz, nicht jedoch auf $p(M,K) = 0{,}92$ und die Information Ka stützen. Wir hingegen lassen *beides* zu.

Dies erkennt man leicht, wenn man die Werte r und q der Definition auf unseren Fall anwendet und außerdem $r = q$ verlangt, wie dies HEMPEL tut, statt $r \geqq q$ zu fordern. Stützt man sich auf das zweite Gesetz, so ist $q = 0{,}92$. Es gibt jedoch ein F', welches die weiteren Bedingungen erfüllt, nämlich $\neg W \wedge K$, jedoch als Wert $r = 0{,}999 > q$ liefert. Da HEMPEL $r = q$ fordert, ist dieses Argument bei ihm verboten, für uns hingegen zulässig.

Wir nehmen also eine *Liberalisierung* vor, die es gestattet, bei geeigneten Bedingungen aus dem Arsenal verfügbarer statistischer Hypothesen solche, die eine hinreichend große Wahrscheinlichkeit liefern, *beliebig* herauszugreifen. Welche tatsächlich herausgegriffen wird, kann von den *pragmatischen Umständen* abhängen, in denen Zweckmäßigkeitsgesichtspunkte maßgebend sind. In unserem Beispiel wäre es denkbar, daß für den Historiker noch eine dritte Information hinzutritt, nämlich daß a ein hohes politisches Amt bekleidete und daß die meisten Personen, die in den USA 1971 ein hohes politisches Amt bekleideten, in der weitaus überwiegenden Zahl Männer waren. Auch diese statistische Information dürfte für ein entsprechendes Begründungsargument verwendet werden.

Schlagwortartig könnte man den Unterschied zum Hempelschen Vorgehen an diesem Punkt folgendermaßen charakterisieren: Während HEMPEL für die Behebung der ‚Mehrdeutigkeit der statistischen Systematisierung' fordert, nur die *schärfste* statistische Information als Begründung zuzulassen, begnügen wir uns mit der Forderung, daß eine *hinreichend starke* Information vorliegen muß, um ein Begründungsargument zuzulassen, und daß wir, wenn mehrere solche sich nicht wechselseitig paralysierende Informationen vorliegen sollten, zwischen ihnen *frei wählen* können.

Auf einen Aspekt sei besonders nachdrücklich aufmerksam gemacht: Wir verlangen nicht, daß Ga zwar *vor* der Begründung kein Bestandteil des akzeptierten Wissens sein soll, *nach erfolgter Begründung jedoch als Element in* A_t *einzubeziehen ist. In dieser Hinsicht steht unser Vorgehen mit der Carnapschen Skepsis bezüglich des Begriffs der Akzeptierbarkeit durchaus im Einklang*, wenigstens was unser Explikandum betrifft. Nur im Fall eines *deduktiven* Schlusses kann man, sofern die Prämissen gewußt werden, dazu übergehen, auch die erschlossenen Folgerungen in das akzeptierte Wissen mit einzubeziehen. Beim nicht-deduktiven ‚Schließen', insbesondere beim ‚statistischen Schließen', verhält es sich nicht so. *Wir verlangen von einem Forscher nicht, daß er das ‚gut Begründete' so behandelt, als werde es von ihm gewußt.* Unser Historiker wird im Jahr 9000 vielleicht bereit sein, Wetten zugunsten der Hypothese, daß der US-Präsident 1971 ein Mann war, mit sehr hohem Wettquotienten abzuschließen. Dazu braucht er diese Annahme aber nicht in sein Hintergrundwissen einbezogen zu haben: *Wir setzen keine Regel als gültig voraus, die einen Schluß von einer Wettbereitschaft zu einem Wissen gestattet.*

Ein potentieller Opponent könnte dies zum Anlaß nehmen, das Reden von der Begründung als einem *Argument* zurückzuweisen. Dazu wäre zu sagen: Wenn jemand das Prädikat „ist ein Argument" für den deduktiven Fall reservieren möchte, so ist dagegen nichts einzuwenden. Der Betreffende müßte aber auch konsequent sein und die Verwendung des Ausdruckes „statistisches Schließen" ablehnen. Sofern wir dagegen, im Einklang mit unserem Vorgehen in Teil III, diese Sprechweise aus der statistischen Fachliteratur mit übernehmen, so haben wir einerseits diejenigen Schlüsse zu charakterisieren, die *zu* statistischen Hypothesen führen: *Stützungsschlüsse*; andererseits diejenigen Schlüsse, welche von statistischen Hypothesen *zu singulären* Annahmen führen: *Begründungsschlüsse*. Wenn wir von einer Begründung oder von einem Argument sprechen, so beruht dies allein darauf, daß bei Erfüllung der angegebenen Voraussetzungen *auch die Leibniz-Bedingung erfüllt ist*. Und dies bedeutet wieder: *Wir können unsere Annahme, daß Ga eher richtig als unrichtig ist, rational rechtfertigen.*

Es erscheint als zweckmäßig, die Unterschiede zwischen dem obigen Explikat und der Hempelschen Explikation abschließend systematisch zusammenzufassen:

(I) Die Bedingung (2) schließt Tatsachen aus dem Anwendungsbereich des Explikates ausdrücklich aus. An die Stelle einer statistischen Erklärung *gewußter Tatsachen* tritt die *statistische Begründung nicht gewußter Annahmen*. (‚Erklärt' wird nur, warum es rational ist anzunehmen, daß eher *Ga* als $\neg$ *Ga*.) Das Gewicht liegt auf dem ‚nicht gewußt': *Ga* kann wahr sein, d. h. es kann eine Tatsache beschreiben; die Wahrheit von *Ga* darf zum Zeitpunkt des Begründungsargumentes nur nicht als gesichert gelten.

(II) Es wird nur *von einem einzigen Wahrscheinlichkeitsbegriff*, nämlich vom Begriff der statistischen Wahrscheinlichkeit, Gebrauch gemacht; und die Frage, wie dieser Begriff genauer zu explizieren ist, wird offen gelassen. Damit ist das ‚Weltanschauungsdilemma' behoben. *An keiner Stelle wird von einem Begriff der induktiven Wahrscheinlichkeit Gebrauch gemacht.* Die Rechtfertigung dafür, von einem Argument im weitesten Sinn zu sprechen, stützt sich nicht auf einen Begriff des induktiven Schließens, sondern einzig und allein auf die *Leibniz-Bedingung* (4) (entweder in der starken oder in der abgeschwächten Form).

(III) Dadurch, daß in (5) von der Bezugsklasse gefordert wird, sie müsse die *größte* Klasse sein, welche die angegebenen Bedingungen erfüllt, wird das Paradoxon der irrelevanten Gesetzesspezialisierung beseitigt. (Nebenbei bemerkt: Dieses Paradoxon bildet, wie man sich leicht überlegt, für den *Begründungs*fall — in welchem es nur um einen ‚korrekten Schluß' geht — keine so große Schwierigkeit wie in dem Fall, wo der Anspruch erhoben wird, einen Erklärungsbegriff zu explizieren.)

(IV) Das Dilemma der nomologischen Implikation tritt nicht auf.

(V) Die Ersetzung von „=“ durch „$\geqq$“ in (5) (und evtl. in (1)) bewirkt eine Liberalisierung; innerhalb von (1) dadurch, daß der Wert von $p(G,F)$ nicht mehr genau gewußt, sondern nur nach unten hin abgeschätzt zu werden braucht (mit der die Bedingung (4) erfüllenden unteren Schranke q); innerhalb von (5) dadurch, daß dem Begründenden eine Wahlfreiheit bezüglich der aus dem verfügbaren Arsenal heranzuziehenden statistischen Gesetze belassen bleibt, zwischen denen er nach pragmatischen Gesichtspunkten auswählen kann.

4. Statistische Analysen

In diesem Abschnitt knüpfen wir an die scharfsinnigen, einfallsreichen und gründlichen Untersuchungen an, die SALMON in "Statistical Explanation" angestellt hat. Eine der Hauptthesen, welche SALMON zu begründen versucht, lautet, *daß eine statistische Erklärung kein Argument sei*, sondern daß dieser Begriff in ganz anderer Weise expliziert werden müsse. Obwohl einiges dafür spricht, SALMONs Bezeichnung „statistische Erklärung“ beizubehalten, scheint es mir, daß das Explikandum diesmal von demjenigen, wovon HEMPEL und andere ausgingen, so stark abweicht, *daß man dafür einen anderen Namen prägen sollte.* Ich werde im folgenden von statistischen Analysen sprechen. Auf die Frage, was man alles „statistische Erklärung“ nennen könnte, und ob es überhaupt zweckmäßig sei, diesen Ausdruck noch zu verwenden, komme ich erst am Ende dieses Abschnittes zurück.

In einer Reihe von Details sowie auch in der endgültigen Definition weiche ich vom Vorgehen SALMONs ab.

4.a Kausale Relevanz und Abschirmung. Wir müssen nochmals auf das Paradoxon (II) zu sprechen kommen. Im Rahmen der Explikation des Begriffs der statistischen Begründung konnten wir uns zwar von dieser Schwierigkeit befreien, indem wir forderten, daß die alle übrigen Bedingungen erfüllende statistische Bezugsklasse die *maximale* Klasse von dieser Art zu sein habe. Doch bildete dies keine eigentliche *Lösung* der Schwierigkeit, sondern sollte eher als eine Methode bezeichnet werden, um sich in dem fraglichen Problemzusammenhang in eleganter Weise ‚aus der Affäre zu ziehen‘. Daß dieser einfache Weg auf andere Fälle nicht übertragbar ist, zeigt ein Blick auf das erste absurde Beispiel, welches ja gar nicht dem Bereich des statistischen Schließens, sondern dem Problemkreis der *kausalen Erklärung* entnommen ist.

Das Problem, mit welchem wir hier konfrontiert sind, hängt eng zusammen mit der Frage der Unterscheidung zwischen *Vernunftgründen* und *Ursachen* (‚Realgründen‘). Die Conclusio „Herr H. M. wurde nicht schwanger“ wurde in logisch exakter Weise aus den beiden richtigen Prämissen gewonnen, so daß die letzteren einen logisch unanfechtbaren Erkenntnisgrund für diese Aussage lieferten. Trotz der Unanfechtbarkeit des Argumentes wird man dieses Argument als inakzeptabel *für eine Erklärung* bezeichnen, weil darin auf ein Merkmal — das regelmäßige Einnehmen der Antibabypille — Bezug genommen wird, welches in dieser Situation *ohne jede kausale Relevanz* war für den zu erklärenden ‚Effekt‘: das Nichtschwangerwerden. Eine Pseudo-Erklärung wäre auch dann zustandegekommen, wenn wir ein anderes, auf das Individuum zutreffendes und in bezug auf das zu Erklärende irrelevantes Merkmal, z. B. „ist blauäugig", benützt hätten; denn auch der generelle Satz: „kein blauäugiger Mann wird schwanger" ist richtig. Was ein derartiges Beispiel von unserem unterscheidet, ist die Tatsache, daß die Blauäugigkeit (vermutlich) in *jedem* Fall — d. h. genauer: relativ auf *jedes* andere für den Individuenbereich der Menschen sinnvolle Attribut — für die Schwangerschaft ohne kausale Relevanz ist, während das Einnehmen der Pille *nur relativ auf das durch das Prädikat „männlich" designierte Attribut* irrelevant ist. Wir hätten ja nur eine Frau in geeignetem Alter zu betrachten und die durch die Substitution von „Frau" für „Mann" entstehende generelle Aussage zu einer statistischen Gesetzmäßigkeit abzuschwächen brauchen, um zwar keine kausale Erklärung, aber doch eine *statistische Begründung* dafür zu erhalten, daß die betreffende Frau nicht schwanger wurde. Mit der Blauäugigkeit anstelle des Einnehmens der Antibabypille würde dieser Versuch der Transformation in ein korrektes Argument nicht funktionieren.

Der Begriff der *kausalen Relevanz*, dessen Explikat wir suchen, muß also *auf ein Bezugsattribut relativiert* werden: Das Einnehmen der Pille ist in bezug auf das Attribut *Mann* kausal irrelevant für Nichtschwangerschaft, nicht jedoch in bezug auf das Attribut *Frau.*

Aber diese Relativierung allein genügt nicht. Bevor wir ein weiteres Illustrationsbeispiel geben, sei eine Frage gestellt und die prima facie verblüffende Antwort darauf gegeben. Wir gehen für die Frage von zwei Voraussetzungen aus: erstens daß eine deterministische Gesetzmäßigkeit gegeben sei; und zweitens daß die Anwendung dieser Gesetzmäßigkeit auf eine konkrete Situation nach übereinstimmendem Sprachgebrauch es gestattet, von einer Verursachung des gesetzmäßig folgenden Ereignisses zu reden. (Den zweiten Punkt haben wir ausdrücklich hervorgehoben, um auszuschließen, daß es sich um einen solchen Fall handelt, bei dem man sich nur auf Vernunftgründe, nicht jedoch auf Ursachen stützt.) Angenommen, das ursächliche Ereignis sei eingetroffen, so daß eine strikte wissenschaftliche Voraussage bezüglich des Eintretens eines zweiten Ereignisses möglich ist. Müßte man dieses Voraussage-Argument im Nachhinein *als Erklärung* des zweiten Ereignisses akzeptieren? Man würde erwarten, daß die Antwort bejahend ist, da sich die Prognose doch auf eine Ursache berief. Trotzdem lautet die Antwort: *Nein.*

Damit im Leser nicht der Eindruck entstehe, die negative Antwort komme nur durch Anwendung irgendeines ‚sophistischen' sprachlichen Tricks zustande, sei die erste Hälfte des Beispiels angeführt: In einem Wirtshaus entsteht unter mehreren Männern ein heftiger Streit, der immer mehr in tätliche Auseinandersetzungen ausartet. Die Person X wird dabei zum Zeitpunkt t von einem Maßkrug am Hinterkopf tödlich getroffen. Um eine quantitative Präzisierung zu erzielen, nehmen wir an, daß eine medizinische Untersuchung zu dem zwingenden Resultat geführt hätte, der Tod des *X* werde, von *t* an gerechnet, frühestens in 10 Minuten und spätestens in einer Stunde eintreten.

Kann man — z. B. $1^1/_2$ Stunden nach *t* — den Tod des *X* im nachhinein *durch Berufung auf diese Fakten* auch erklären? Man kann es *nicht*, wenn die Geschichte folgendermaßen weitergelaufen ist: Unmittelbar nach dem Schlag bekam *X* von einem anderen Beteiligten einen Messerstich ins Herz, der seinen Tod mit Sicherheit in einem Zeitraum von höchstens einer Minute herbeiführte.

Nach der weiter unten eingeführten Terminologie werden wir sagen, daß der tödliche Schlag durch den tödlichen Stich in seiner kausalen Relevanz für den Tod des *X abgeschirmt* worden sei. Um diesen Gedanken präzisieren zu können, muß der ‚Effekt' in seiner temporalen Relation zu *t* genau beschrieben werden, was auf verschiedene Weisen geschehen kann. Die Abschirmung erfolgt nicht hinsichtlich des Ereignisses *Tod des X* — denn in bezug auf dieses Ereignis könnten wir zwischen den beiden Ursachen nicht differenzieren —, sondern z. B. hinsichtlich des Ereignisses *Tod des X innerhalb von weniger als 5 Minuten nach t*.

Es kann sich auch in alltäglichen Fällen um Bruchteile von Sekunden handeln, wie das folgende Beispiel von Hempel zeigt. Ein Lausbub hat seinem Vater das Gewehr entwendet und schießt aus der Wohnung, die sich im ersten Stock eines Hochhauses befindet, spaßeshalber mit scharfer Munition zum offenen Fenster hinaus. Ein Selbstmörder, der sich vom zwölften Stock mit dem Kopf nach vorn in die Tiefe stürzte, wird in dem Augenblick, da er an dem Fenster vorbeifliegt, durch eine Kugel ins Herz getroffen. Der Tod tritt vor dem Aufschlag auf der Erde ein.

Da wir es in diesem Teil IV mit dem statistischen Fall zu tun haben, wenden wir uns in der Hauptsache diesem zu. Am Ende soll angedeutet werden, wie die Übertragung auf den deterministischen Fall auszusehen hätte.

Der dabei benützte Gedanke, den benötigten Begriff der kausalen Abschnirmung auf den der statistischen Irrelevanz zurückzuführen, geht auf Reichenbach zurück[34]. Für die Lösung der gegenwärtig anstehenden Probleme hat Salmon auf die Idee Reichenbachs zurückgegriffen[35]. Keiner dieser Autoren scheint jedoch zu einer scharfen Definition gelangt zu sein.

Als Ausgangspunkt eignen sich besonders diejenigen Fälle, welche im Rahmen der Diskussion über die These der strukturellen Gleichheit von Erklärung und Voraussage zugunsten der Auffassung vorgetragen wurden, daß es rationale Voraussagen gibt, welche nicht für Erklärungszwecke verwendbar sind, nämlich Prognosen, die sich auf *bloße Symptome* oder

---

[34] Vgl. [Direction], insbesondere Kap. III und IV et passim.

[35] Vgl. a. a. O. S. 188ff.

Indikatoren stützen[36]. Ein einfaches Beispiel von dieser Art ist das Barometerbeispiel von A. GRÜNBAUM[37]. Dieses Beispiel soll im Anschluß an das Vorgehen von SALMON statistisch behandelt werden. Dazu erinnern wir an die Begriffe der statistischen Relevanz und Irrelevanz. In beiden Fällen handelt es sich um *dreistellige* Relationsbegriffe. Die möglichen Argumente der statistischen Wahrscheinlichkeitsfunktion bezeichnen wir wahlweise als Merkmale oder als Klassen. Es gilt: Das Merkmal (die Klasse) C ist *statistisch relevant für B bezüglich* des Grundmerkmals (der Bezugsklasse) A gdw $p(B, A \cap C) \neq p(B, A)$; und zwar sprechen wir von positiver bzw. von negativer Relevanz, je nachdem ob der erste p-Wert größer oder kleiner ist als der zweite. Dagegen sagen wir genau dann, daß *C für B bezüglich A irrelevant* ist, wenn gilt: $p(B, A \cap C) = p(B, A)$.

Für das Barometerbeispiel wählen wir als Bezugsklasse (Grundmerkmal) A eine Klasse von Raum-Zeit-Gebieten, deren (hinreichend groß gewählter) räumlicher Teil identisch ist, während die zeitlichen Teile aus aufeinanderfolgenden Intervallen bestehen, die eine Länge von 24 Stunden haben. Anschaulicher gesprochen: Wir betrachten einen bestimmten, hinreichend groß gewählten räumlichen Bereich von aufeinanderfolgenden Tagen. Wir wollen annehmen, daß in diesem Raum-Gebiet ein Haus steht, in dem sich ein Barometer befindet. B sei die Klasse der Tage, an denen ein Gewitter stattfindet (bzw. an denen es zu einer Wetterverschlechterung kommt); C sei die Klasse der Tage, an denen das Barometer plötzlich fällt; D sei die Klasse der Tage, an denen in dem fraglichen Raum-Zeit-Gebiet ein plötzlicher Luftdruckfall stattfindet. Wir zielen darauf ab, den intuitiven Gedanken zu präzisieren, daß der Fall des Barometers im Verhältnis zum Druckfall *ein bloßes Symptom* darstellt, während umgekehrt der Druckfall gegenüber dem Barometerfall für das kommende Wetter *von kausaler Relevanz* ist. Nach der von REICHENBACH in [Direction], S. 189, eingeführten Terminologie ist dies genau dann der Fall, wenn der Druckfall den Barometerfall vom Auftreten des Gewitters *abschirmt*, hingegen der Barometerfall den Druckfall *nicht* vom Auftreten des Gewitters *abschirmt*.

Diese beiden letzten Feststellungen können wir durch die zwei folgenden Sätze ausdrücken:

(1) $p(B, A \cap C \cap D) = p(B, A \cap D)$,

(2) $p(B, A \cap C \cap D) \neq p(B, A \cap C)$[38].

---

[36] Für eine ausführliche Erörterung der strukturellen Gleichheitsthese vgl. Bd. I, [Erklärung und Begründung], Kap. II, für den im gegenwärtigen Zusammenhang wichtigen Falltyp insbesondere S. 183ff.

[37] [Space and Time], S. 309f.; SALMON, a. a. O., S. 197ff.

[38] Im vorliegenden Beispiel nehmen wir eine *positive* Relevanz von D (für B bezüglich $A \cap C$) an, so daß wir hier „$\neq$" durch „$>$" ersetzen können. Für den allgemeinen Fall ist es jedoch nur erforderlich, überhaupt eine Relevanz, d. h. eine *positive oder negative* Relevanz, zu verlangen. Diesem allgemeineren Fall haben wir in (2) bereits Rechnung getragen.

Die Gleichung (1) besagt, daß C statistisch irrelevant ist für B bezüglich $A \cap D$. Die Ungleichung (2) besagt, daß D statistisch relevant ist für B bezüglich $A \cap C$. *Abschirmung ist damit definitorisch auf statistische Irrelevanz zurückgeführt und Nichtabgeschirmtheit auf statistische Relevanz.* Nehmen wir noch die als richtig vorausgesetzten Aussagen hinzu:

(3) $p(B, A \cap C) \neq p(B, A)$

(4) $p(B, A \cap D) \neq p(B, A)$[39],

so erhalten wir eine vollkommene Schilderung der Sachlage in allen relevanten Hinsichten. Die Aussagen (3) und (4) liefern uns, grob gesprochen, die grundlegenden Informationen, daß prinzipiell sowohl die Beobachtung eines Barometerfalls als auch die eines Druckfalls einen ‚Wahrscheinlichkeitsschluß' auf kommendes Gewitter gestattet. Die Aussagen (1) und (2) zusammen zeigen eine Asymmetrie im Verhältnis von Barometerfall und Druckfall an, die man umgangssprachlich etwa so charakterisieren könnte: Der Druckfall ist *in höherem Grade von kausaler Relevanz für* kommendes Gewitter *als* der Barometerfall; der letztere dagegen ist *in höherem Grade ein bloßes Symptom* für das Gewitter.

Die Richtigkeit von (1) beruht auf folgendem Umstand: Wenn der Druck fällt, so kommt es mit einer bestimmten Wahrscheinlichkeit zu einem Gewitter, *ganz gleichgültig, was das Barometer anzeigt*; denn das Barometer könnte aus den verschiedensten Gründen falsche Angaben machen. Weiß man um D, so braucht man sich daher keine Gedanken darüber mehr zu machen, ob das Berometer korrekt funktionierte oder nicht. Die Richtigkeit von (2) beruht darauf, daß das Analoge bei der Vertauschung von C und D *nicht* gilt. (Man beachte, daß die linken Glieder von (1) und (2) identisch sind, während sich die rechten Glieder nur dadurch unterscheiden, daß in (2) genau dort C vorkommt, wo in (1) D vorkommt.) Habe ich zunächst erfahren, wie sich das Barometer verhält, danach jedoch, daß der Luftdruck gefallen ist, so werde ich mich in meiner Erwartung des kommenden Wetters allein auf die letztere Information stützen, während die erste Information für mich gegenstandslos geworden ist.

Anmerkung 1. Versuchen wir, denselben Gedanken auf den deterministischen Fall zu übertragen. In grober Schematisierung[40] würden wir für das Pillenbeispiel mit „Hx" für „x ist ein Mensch", „Mx" für „x ist ein Mann", „Sx" für „x wird schwanger" und „Px" für „x nimmt regel-

[39] Wieder könnten wir *in unserem Beispiel* „$\neq$" durch „$>$" ersetzen, da in beiden Fällen positive Relevanz vorliegt.

[40] Von grober Schematisierung sprechen wir, weil wir den Zeitfaktor vernachlässigen, der an sich unbedingt zu berücksichtigen wäre: das regelmäßige Einnehmen der Pille durch eine Frau verhindert natürlich mit einer gewissen Wahrscheinlichkeit nur eine *spätere*, nicht dagegen eine frühere Schwangerschaft.

mäßig (während einer so und so langer Zeit) die Antibabypille ein" den Unterschied durch die beiden folgenden Satzpaare charakterisieren können:

(5) (a) $\bigwedge x(Hx \wedge Mx \rightarrow \neg Sx)$ (kein Mann wird schwanger).

(b) $\bigwedge x(Hx \wedge Mx \wedge Px \rightarrow \neg Sx)$ (kein Mann, der regelmäßig die Antibabypille einnimmt, wird schwanger).

(6) (a) $\neg \bigwedge x(Hx \wedge Px \rightarrow \neg Sx)$,

(b) $\bigwedge x(Hx \wedge Mx \wedge Px \rightarrow \neg Sx)$.

In Analogie zum statistischen Fall könnte man sagen, daß durch das Satzpaar (5) die *deterministische Irrelevanz* von P für $\neg S$ bezüglich M ausgedrückt werde, oder — unter Benützung der Reichenbachschen Terminologie — daß das Attribut der Männlichkeit die regelmäßige Einnahme der Antibabypille *von der kausalen Relevanz für* Nichtschwangerschaft *abschirme*. Die beiden Teilaussagen von (6) drücken dagegen aus, daß *M nicht deterministisch irrelevant* ist *für* $\neg S$ *bezüglich* P, d. h. daß zum Unterschied vom dualen Fall (5) das regelmäßige Einnehmen der Antibabypille die Eigenschaft, ein Mann zu sein, *nicht von ihrer kausalen Relevanz für* Nichtschwangerschaft *abschirmt*. Die Gültigkeit von (6) (a) beruht darauf, daß die regelmäßige Einnahme der Pille durch beliebige Menschen, *einschließlich Frauen*, zum Unterschied von der Männlichkeitseigenschaft kein ‚todsicheres' Mittel gegen Schwangerschaft darstellt.

Anmerkung 2. Nimmt man den statistischen Fall zum deterministischen hinzu, so kann man sagen, daß diese Überlegungen *einen wichtigen Beitrag zum Problem* „Abgrenzung von Ursachen (Realgründen, Seinsgründen) von bloßen Vernunftgründen (Erkenntnisgründen, Symptomen, Indikatoren)" liefern.

Auf die Wichtigkeit dieser Unterscheidung habe ich in [Erklärung und Begründung] verschiedentlich hingewiesen. Doch war es mir damals weder klar, ob sich dieser Unterschied überhaupt präzise explizieren lasse, noch, wie man im bejahenden Fall mit der Explikation anzusetzen habe. Obwohl noch keine Rede davon sein kann, daß die obigen Betrachtungen bereits eine befriedigende Explikation liefern, dürfte damit doch aufgezeigt worden sein, wie man für die Zwecke einer solchen Explikation zu verfahren hat.

Auf zwei Punkte sei besonders hingewiesen: Erstens muß man, wenn das obige strategische Vorgehen akzeptiert wird, eine Fallunterscheidung machen, je nachdem, ob man es mit deterministischen oder mit statistischen Gesetzen zu tun hat. Im deterministischen Fall kann man davon sprechen, daß ein Attribut ein anderes in seiner kausalen Relevanz für etwas Drittes abschirmt *und dem zweiten Attribut daher die ursächliche Bedeutung für dieses Dritte schlechthin nimmt*. Im statistischen Fall hingegen gelangt man, wie die Analyse des Beispiels lehrt, nur zu dem komparativen Begriff „*x ist in höherem Grade von kausaler Relevanz als y*" bzw. „*y ist in höherem Grade bloß symptomatisch als x*". Da man vom Alltag her gewohnt ist, eine rein qualitative Unterscheidung zwischen Ursachen und Symptomen zu machen, muß man dem üblichen Sprachgebrauch etwas Gewalt antun, wenn man von dieser vorexplikativen qualitativen Unterscheidung zur komparativen Gradabstufung übergeht.

Zweitens ist nicht zu übersehen, daß das Goodmansche Problem der Gesetzesartigkeit in den ganzen gegenwärtigen Kontext eingeht: Von allen in den Beispielen benützten statistischen und deterministischen Aussagen mußten wir voraussetzen, daß es sich um *nomologische Aussagen* handelt, um mit ihrer Hilfe die gewünschte Unterscheidung zu erzielen.

Anmerkung 3. Gegen den Explikationsversuch könnte man u. a. das Bedenken vorbringen, daß er der Möglichkeit *sicherer Symptome* nicht gerecht werde. Bei der obigen Behandlung des Barometerbeispiels etwa muß vorausgesetzt werden, ein Barometer funktioniere *nicht immer* richtig. Ist es aber denn nicht *logisch möglich*, ein ‚absolut sicheres Barometer' zu konstruieren? Ein solches Barometer ließe sich von kausaler Relevanz für *B* nicht durch ein Attribut von der Art des Attributes *D* abschirmen, vielmehr würde es seinerseits alle anderen Attribute abschirmen, obwohl wir auch da noch sagen würden, daß es uns ein *bloß symptomatisches*, nicht jedoch ein *ursächliches* Wissen vermittelt.

Hierauf würde ich folgendes entgegnen: Ich habe zwar, zum Unterschied von den reinen Extensionalisten, keine prinzipielle Abneigung gegen gedankliche Abschweifungen in unverwirklichte mögliche Welten. Ich weise aber auf die Gefahr hin, die entsteht, wenn man *nicht ganz genau* sagt, was in dieser möglichen Welt gegenüber der realen Welt eigentlich verändert sein soll. Angenommen, die Auffassung geht dahin, daß tatsächlich nichts weiter geschieht, als daß ein Barometer konstruiert wird, das absolut sichere Angaben macht, *daß sich aber sonst nichts ändert.* Dann könnte man also z. B. auch dieses Barometer in die Hand nehmen, es schütteln, die Zeiger verschieben u. dgl. Derartige Änderungen müßten ex hypothesi Wetteränderungen zur Folge haben. Die Annahme, daß es sich weiterhin um einen bloßen Indikator handeln würde, wäre somit unrichtig. In einer solchen möglichen Welt vermöchte ich das Wetter zu beeinflussen und zwar durch bloße Beeinflussung des Barometers. *Die Zeigerstellungen auf dem Barometer wären in einer solchen möglichen Welt von kausaler Relevanz für die folgende Wettersituation.*

Wenn mein Opponent hingegen behaupten sollte, daß man in dieser möglichen Welt ein Barometer nicht beeinflussen, dessen Zeiger nicht verschieben könnte usw., dann müßte ich mich darauf beschränken zu sagen, ich verstünde überhaupt nichts mehr. Was er „Barometer in dieser möglichen Welt" nenne, habe vermutlich mit dem, was wir mit „Barometer" bezeichnen, keine Ähnlichkeit.

Die adäquate Reaktion auf Gedankenexperimente mit den anderen Beispielen würde analog ausfallen. Wenn z. B. jemand darauf hinweist, daß das regelmäßige Einnehmen der Pille durch einen Mann *dessen Geschlecht ändern* könne, so daß er in Zukunft vielleicht einmal schwanger wird, so würde dies nicht die Inadäquatheit der obigen Definition zeigen. Vielmehr würde darin nur zum Ausdruck kommen, daß sich die Annahme als unrichtig erwiesen habe, daß *M* das Merkmal *P* von seiner kausalen Relevanz für $\neg S$ abschirme; denn der Satz (5) (b) wäre ja dann falsch.

In ähnlicher Weise würde ich heute zu jenem Beispielstyp Stellung nehmen, der in besonders starkem Maße geeignet ist, die These von der strukturellen Gleichheit von rationaler Erklärung und rationaler Prognose zu erschüttern: *das Phänomen des Wissens aus zweiter Hand.* Sollte in einer möglichen Welt die von mir in [Erklärung und Begründung], S. 194, angeführte ‚Gesetzesaussage' (*x*) gelten, daß ein kosmisches Ereignis *immer* eintreten werde, wenn ein Astronom von genau angebbarer psychophysischer Struktur dieses Ereignis voraussage, *so wäre in dieser Welt tatsächlich eine solche Voraussage von kausaler Relevanz für das Eintreten des Ereignisses.* Ein Astronom von der fraglichen Beschaffenheit könnte die Geschehnisse im Universum nur deshalb mit Sicherheit voraussagen, weil er sie kausal hervorrufen würde.

Anmerkung 4. Ein weiterer Punkt verdient allerdings Aufmerksamkeit: Die definierte Relation der Abschirmung ist zwar nicht symmetrisch; sie ist jedoch nicht *asymmetrisch.* Es kann sich sowohl im deterministischen als auch im statistischen Fall durchaus ereignen, daß ein Attribut A ein anderes Attribut C von B abschirmt und zugleich C das Attribut A von B abschirmt. Dieser Fall darf nicht so interpretiert werden, als würden sich A und C in ihrer kausalen Relevanz für B wechselseitig paralysieren. Vielmehr müßten wir hier sagen, daß A und C bei der Beurteilung dessen, was für die Realisierung von B von kausaler Relevanz war, *gleichwertige Kandidaten* sind.

Das modifizierte Tötungsbeispiel kann hier zur Veranschaulichung dienen: Der tödliche Schlag und der tödliche Stich können von solcher Art sein, daß sie unabhängig voneinander den Tod der Person zu genau demselben Zeitpunkt herbeiführen würden (und daß der Tod auch tatsächlich entweder zu diesem Zeitpunkt oder früher eintritt). Nach Definition schirmen Schlag und Stich sich wechselseitig ab. Das heißt nicht, daß sie sich gegenseitig paralysieren, sondern umgekehrt, daß sozusagen ein ‚Überschuß an kausaler Relevanz' vorliegt. Man kann sowohl den tödlichen Stich als auch den tödlichen Schlag für den faktischen Tod kausal verantwortlich machen (aber vielleicht nur *beide zusammen* für den Tod *zu einem ganz bestimmten Zeitpunkt*, sofern dieser früher liegt als der Zeitpunkt des Todes für den Fall gelegen hätte, daß *nur eine* der beiden Ursachen realisiert worden wäre).

Anmerkung 5. Zu den vieldiskutierten Beispielen zum Thema „Erklärung" gehört das Fahnenmastbeispiel von BROMBERGER[41]. Obzwar ich dem Ansatz SALMONs bei der Analyse dieses Beispiels im Prinzip zustimme, scheint hier eine interessante Komplikation vorzuliegen, die bisher von keinem Autor adäquat beschrieben worden ist. Das Beispiel soll daher kurz diskutiert werden.

An einem sonnigen Tag stehe auf einem ebenen Platz ein Fahnenmast, der einen Schatten wirft. SALMON erklärt a. a. O. S. 215: "We all agree that the position of the sun and the height of the flagpole explain the length of the shadow." Nun kann man aber aus der Länge des Schattens und dem Sonnenstand (und dem dadurch gegebenen Anpeilwinkel vom Schattenende zur Mastspitze) die Höhe des Fahnenmastes erschließen. Dagegen scheint es ganz inadäquat zu sein, davon zu sprechen, *daß die Länge des Schattens die Länge des Mastes erkläre.* SALMON benützt auch hier den Gedanken der Abschirmung, um die gewünschte Asymmetrie zu gewinnen.

Es scheint mir, daß der zitierte Satz SALMONs anfechtbar ist. Zumindest handelt es sich dabei um eine elliptische Wiedergabe von etwas, das kom-

[41] Vgl. HEMPEL, [Versus], S. 109f.; STEGMÜLLER, [Erklärung und Begründung], S. 196; SALMON, "Statistical Explanation", S. 215f. und 218f.

plizierter zu beschreiben wäre. Es geht nämlich nicht nur um die Gegenüberstellung von zwei, sondern von drei Argumenten: zwei Begründungen und einer Erklärung.

Was die *Längen* betrifft, so liegen *zwei vollkommen gleichberechtigte Argumente* vor, zwischen denen die Wahl nur von dem pragmatischen Umstand abhängt, welche singuläre Prämisse vorgegeben ist: Ist außer den Gesetzen der physikalischen Optik und der physikalischen Geometrie neben dem Sonnenstand die Kenntnis der Mastlänge gegeben, so läßt sich die Länge des Schattens *erschließen*, wie sich umgekehrt aus der Länge des Schattens die Länge des Mastes *erschließen* läßt. Es besteht also eine vollkommene Symmetrie zwischen den beiden Begründungen für die Länge des Schattens bzw. des Mastes. Hier ist keine Differenzierung zu machen und braucht auch keine gemacht zu werden; der korrekte Schluß funktioniert nach *beiden* Richtungen. Eine Asymmetrie kommt erst hinein, wenn wir die Existenzfrage stellen; *denn die Existenz des Schattens wird mittels der Existenz des Mastes erklärt, jedoch nicht umgekehrt die Existenz des Mastes durch die Existenz des Schattens.*

Diese letztere Asymmetrie kann nun unserem Schema gemäß beschrieben werden, wenn man auf die Prozedur der Aufstellung des Mastes zurückgeht. Dies sei ungefähr skizziert: Mit H für das Hinstellen des Mastes durch dafür qualifizierte Leute, M für das Dastehen des Mastes an der fraglichen Stelle des Platzes, S für den Schatten und A für eine geeignet gewählte Bezugsklasse betrachten wir die drei statistischen Wahrscheinlichkeiten: $p(M, A \cap H)$, $p(M, A \cap H \cap S)$ sowie $p(M, A \cap S)$. Nehmen wir an, daß die ordnungsgemäße Aufstellung des Mastes in einem hohen Prozentsatz der Fälle glückt, z. B. in 98% der Fälle. Wir erhalten dann als ersten Wert $p(M, A \cap H) = 0{,}98$. Doch was uns interessiert, ist nicht dieser Wert, sondern die Aussage:

(7) $p(M, A \cap H \cap S) = p(M, A \cap H)$.

Ihre Gültigkeit beruht darauf, daß S für M bezüglich $A \cap H$ statistisch irrelevant ist. Einen Schatten kann man nämlich auf die verschiedenste Art und Weise zum Verschwinden bringen, etwa durch Wegspiegelung mittels des natürlichen Sonnenlichtes oder durch Ingangsetzung einer künstlichen Lichtquelle. Ob der Schatten nun da ist oder nicht: die Wahrscheinlichkeit dafür, daß der Mast dasteht, ist allein bestimmt durch die Tätigkeit H der Mastaufstellung. Vertauschen wir nun die Rollen von S und H, so erhalten wir dagegen eine Ungleichung, da H statistisch relevant ist für M relativ zu $A \cap S$:

(8) $p(M, A \cap H \cap S) \neq p(M, A \cap S)$.

Der Vergleich mit (1) und (2) zeigt, daß der Schatten im gegenwärtigen Zusammenhang die analoge Rolle spielt wie das Barometer (und H sowie M die zu D sowie B analogen Rollen) im ersten Beispiel.

Die sich überlagernde Begründung und Erklärung läßt sich nun alltagssprachlich etwa so formulieren: „Das Aufstellen des Mastes schirmt den Schatten in seiner kausalen Relevanz für die Existenz des Mastes ab, jedoch nicht vice versa der Schatten das Aufstellen des Mastes in seiner kausalen Relevanz für die Existenz des Mastes. Die Länge des Schattens kann aus der Länge des Mastes erschlossen werden." Die Asymmetrie liegt allein im ersten Satz; denn der zweite Satz *könnte* ersetzt werden durch: „und umgekehrt die Länge des Mastes aus der Länge des Schattens". Die im ersten Satz zur Geltung gelangende Asymmetrie ist es, welche es gestattet, diese ganze Aussage zu der zitierten Kurzformel von SALMON zusammenzufassen.

Anmerkung 6. Wir werden die hier eingeführten Begriffe der Relevanz und der Abschirmung im folgenden nur *als Hilfsmittel* dafür benötigen, um den Begriff der *homogenen Teilklasse* einer gegebenen statistischen Bezugsklasse zu definieren. Dieser Begriff wird seinerseits eine wichtige Rolle bei der Explikation des Begriffs der statistischen Analyse und des statistischen Situationsverständnisses bilden. Der Begriff der homogenen Teilklasse wurde von SALMON in "Statistical Explanation", S. 187, durch Bezugnahme auf den v. Misesschen Begriff der regellosen Teilfolge einer gegebenen Folge eingeführt. v. MISES mußte den Begriff der Regellosigkeit mittels des problematischen Begriffs der *Stellenauswahl* definieren. Während bei dem v. Misesschen Verfahren die Begriffe der Relevanz und der Irrelevanz und damit der Inhomogeneität und der Homogeneität auf den Begriff der Stellenauswahl zurückzuführen sind, sollen in 4.b die Relevanzbegriffe *zum Ausgangspunkt* der weiteren Definitionen gemacht werden und damit die Schwierigkeiten umgangen werden, mit denen der Begriff der Stellenauswahl behaftet ist.

4.b Statistische Oberflächenanalyse und statistisch-kausale Tiefenanalyse von Minimalform. Nach SALMONs Auffassung ist der entscheidende Punkt, der bei einer Explikation des Begriffs der statistischen Erklärung zu berücksichtigen ist, ein *Vergleich zwischen einer Ausgangswahrscheinlichkeit* (‚Apriori-Wahrscheinlichkeit') *und einer Endwahrscheinlichkeit* (‚Aposteriori-Wahrscheinlichkeit')[42]. Erklärungen sind für ihn, zum Unterschied von HEMPEL, keine Argumente. Den Übergang von der Hempelschen Deutung statistischer Erklärungen als induktive Argumente zu der Salmonschen Interpretation statistischer Erklärungen als Feststellung über *positive statistische Relevanz* könnte man in eine formale Parallele setzen zu einem Übergang von dem, was CARNAP *Festigkeit* oder firmness nennt, zu dem, was er als *Zuwachs an Festigkeit* oder increment of firmness bezeichnet, also zu dem, was CARNAP ursprünglich *positive Relevanz* genannt hatte. Während es sich aber bei der Carnapschen Theorie darum handelt, ob es nicht

[42] Die in Klammern gesetzten Ausdrücke werden oft gebraucht, sind aber nicht eindeutig. Denn diese Gegenüberstellung umfaßt sowohl den Fall des Überganges vom tautologischen Wissen t zu einem Wissen um ein empirisches Datum e als auch den Fall des Überganges von einem empirischen Datum e zu einem erweiterten empirischen Datum $e \wedge i$. Die Verwendung des Wortes „Apriori-Wahrscheinlichkeit" legt fälschlich den Gedanken nahe, daß nur der erste Übergang gemeint sein könne. Die beiden englischen Ausdrücke "prior probability" und "posterior probability" sind diesbezüglich weniger irreführend.

besser wäre, den Ausdruck „Grad der Bestätigung" statt für das erste für das zweite zu verwenden — unter einem Bestätigungsgrad also keine Wahrscheinlichkeit zu verstehen —, geht es diesmal darum, ob der Ausdruck „Erklärung" nicht besser statt für ein Argument mit dem Explanandum als ‚Conclusio' *für die Feststellung einer positiven Relevanz* zu verwenden sei. Es ist die Schwierigkeit (II), nämlich das Paradoxon der irrelevanten Gesetzesspezialisierung, welches einen nach SALMON dazu zwingt, sich zugunsten der zweiten Alternative zu entscheiden. Denn für alle paradoxen Beispiele dieser Art ist es ja charakteristisch, daß Fakten herangezogen werden, die für das Explanandumereignis *irrelevant* sind: Die Irrelevanz der herangezogenen ‚erklärenden Tatsachen' ist es, welche die vorgeblichen Erklärungen zu *Pseudo*erklärungen machen. Die Beispiele, welche man zu (II) beibringen kann, zeigen daher nach SALMON, "that it is not correct, even in a preliminary and inexact way, to characterize explanatory accounts as arguments showing that the explanandum event was to be expected." Und er fährt mit der Ankündigung seiner eigenen Deutung fort: "It is more accurate to say that an explanatory argument shows that the probability of the explanandum event relative to the explanatory facts *is substantially greater than* its prior probability."[43] Was hier angekündigt wird, ist höchst interessant. *Leider läßt sich der Gedanke in dieser Form nicht durchhalten.* Denn einerseits treten, wie wir noch sehen werden, neben Fällen von *positiver* Relevanz auch solche von *negativer* Relevanz auf — was nicht von uns, sondern vom Zufall abhängt —; andererseits dürfte es nicht adäquat sein, solche Tatsachen *erklärende Tatsachen* zu nennen, die für das zu Erklärende von *negativer* Relevanz sind. Es scheint mir vielmehr, daß SALMON sich mit dem, was er statistische Erklärung nennt, *einem anderen, aber trotzdem äußerst wichtigen Explanandum* zugewandt hat. Man könnte davon sprechen, daß *ein statistisches Situationsverständnis aufgrund einer statistischen Detailanalyse* gesucht wird.

Es ist vielleicht nicht ohne Interesse, die Position von R. JEFFREY mit der von W. SALMON zu vergleichen. Für JEFFREY steht das Problem (I): *die Paradoxie der Erklärung des Unwahrscheinlichen*, im Vordergrund seiner kritischen Überlegungen. Er gelangt aufgrund dieser Schwierigkeit hinsichtlich der Frage, ob Erklärungen Argumente sind, meines Erachtens ganz zu Recht zu einem negativen Ergebnis (wobei wir im Augenblick von der erwähnten Inkonsequenz absehen, daß er statistische Begründungen im Fall des Vorliegens einer sehr hohen Wahrscheinlichkeit trotzdem als *erklärende* Argumente zuzulassen bereit ist).

SALMON hingegen geht von absurden Beispielen aus, welche eine Illustration für die Schwierigkeit (II), *die irrelevante Gesetzesspezialisierung*, bilden. Außerdem begnügt er sich, zum Unterschied von JEFFREY nicht mit der negativen Feststellung, daß statistische Erklärungen keine Argumente seien, sondern versucht eine adäquate Explikation des statistischen Erklärungsbegriffs zu liefern, wobei er den Gesichtspunkt der *positiven statistischen Relevanz* hervorkehrt. Er scheint jedoch,

---

[43] SALMON, a. a. O., S. 180. Die vier entscheidenden Worte wurden von mir gesperrt.

wenigstens am Beginn seiner Arbeit, aus dem das obige Zitat entnommen wurde[44], von der Schwierigkeit (II) geradezu ‚hypnotisiert' zu sein, so daß er die Schwierigkeit (I) übersieht. An späterer Stelle, insbesondere in Abschn. 10, S. 206ff., der zitierten Arbeit kommt zwar auch dieser Punkt zur Sprache. Doch scheint SALMON nicht zu bemerken, daß er hiermit den im obigen Zitat ausgedrückten Gedanken preisgeben muß, eine statistische Erklärung bestehe wesentlich in einer Feststellung von *positiver* Relevanz. Denn die von ihm als Explikat auf S. 200f. vorgeschlagene Analyse kann ja als Bestandteil auch eine *negative Relevanzfeststellung* der fraglichen Art enthalten. In einem solchen Fall aber kommt man nicht umhin, sagen zu müssen, daß die Verwendung des Wortes „Erklärung" wenn nicht überhaupt sprachwidrig, so doch im höchsten Grade merkwürdig ist.

SALMON trifft allerdings an späterer Stelle[45] eine interessante pragmatische Feststellung, die man am besten als *unabhängige intuitive Stütze für sein methodisches Vorgehen* betrachten sollte. Er hebt hervor, daß die Hempelsche Rekonstruktion von Erklärungen mit logisch oder induktiv erschlossenem Explanandum Ga voraussetzen, daß die Erklärung heischende Frage die Gestalt hat: „warum ist dieses Ding ein G?" Aber so lautet diese Frage praktisch niemals. Wir fragen in einer entsprechenden Situation z. B. nicht: „warum verschwand *dieses Ding*?", sondern: „warum verschwand *diese Streptokokkeninfektion*?" Ebenso fragen wir nicht: „warum hat dieses Ding eine gelbe Farbe?", sondern: „warum hat *die Flamme dieses Bunsenbrenners* eine gelbe Farbe?" Allgemein formuliert: In die Erklärung heischende Warum-Frage wird das in der Hempelschen Rekonstruktion im singulären Antecedensdatum enthaltene Attribut miteinbezogen. Wenn wir dieses Attribut durch das Prädikat „F" designiert sein lassen, so lautet das Frageschema also nicht: „warum ist dieses x ein G?", sondern: „warum ist dieses x, *welches ein F ist*, auch ein G?"

Wendet man dies auf den statistischen Fall an, so liefert die Erklärung heischende Warum-Frage selbst eine ursprüngliche Bezugsklasse, zu der das Explanandumereignis in Relation zu setzen ist. Die Ermittlung der Wahrscheinlichkeit von G in bezug auf F, also die Bestimmung des Wertes $p(G,F)$ bildet dann *nicht die Beantwortung* der Erklärung suchenden Frage, sondern nur eine *Ausgangswahrscheinlichkeit*, und damit *den Ausgangspunkt für eine beginnende Analyse, die erst nach erfolgreichem Abschluß die Antwort beinhaltet.* Zu dieser Analyse gehört die Angabe einer oder mehrerer *Endwahrscheinlichkeiten* relativ auf Bezugsklassen, die durch eine relevante Zerlegung der Klasse F zustandekommen.

Wir haben soeben den Ausdruck „Analyse" verwendet. An späterer Stelle werden wir nämlich erkennen, daß auch das von SALMON formulierte Frageschema *inadäquat* ist, wenn man es mit dem Explikat vergleicht. Es wäre zweckmäßiger, die Frage so zu formulieren: „Wie ist es zu *verstehen*, daß dieses x, welches ein F ist, auch ein G ist?" Die Antwort zielt auf ein

[44] Der fragliche dritte Abschnitt trägt den Titel: "Preliminary Analysis".
[45] a. a. O. S. 195.

statistisches *Verständnis* der Situation ab. Für die Gewinnung dieses Verständnisses ist die relevante Zerlegung von F wesentlich.

Die Frage ist, worin eine solche relevante Unterteilung bestehen soll. Die Frage so formulieren, heißt bereits, die Antwort nahelegen: Die Unterteilungen müssen im buchstäblichen Sinn des Wortes relevant sein, d. h. es muß sich um solche Klassen bzw. Attribute handeln, die für G bezüglich F *statistisch relevant* sind[46].

Hier ist eine erste Unterscheidung zu treffen. Entweder es handelt sich um den sehr seltenen Fall, daß eine derartige statistisch relevante Unterteilung von F überhaupt nicht möglich ist. Dann sind wir bereits am Ende. Die vom Fragenden erhoffte Analyse kann nicht gegeben werden, weil keine solche Analyse möglich ist. (Beispiel: Radioaktiver Zerfall einer Substanz.)

Oder derartige Unterteilungen lassen sich bewerkstelligen. Dann kann man sie prinzipiell in verschiedenster Weise vornehmen. Eindeutigkeit wird durch die Erfüllung von zwei Forderungen erzielt: Erstens durch die Forderung, daß keine weitere statistisch relevante Untergliederung möglich ist. Denn wäre sie möglich, so hätte man die Analyse nicht zu Ende geführt. Zweitens durch die Forderung, daß die Zerlegung in dem Sinn *minimal* ist, daß sie zu *maximalen* Klassen der gewünschten Art führt. Zur Begründung dieser zweiten Forderung kann, in vollkommener Parallele zum Vorgehen in Abschnitt 3, darauf verwiesen werden, daß nur auf diese Weise irrelevante Unterteilungen zu vermeiden sind und das Wiederauftreten der Paradoxie (II) verhindert wird. Die beiden an die Analyse zu stellenden Desiderata kann man so zusammenfassen: Die Ausgangsinformation, welche durch das statistische Gesetz $p(G,F) = r$ geliefert wird, soll *optimal verbessert* werden. Dies geschieht in der Weise, daß F in k Klassen $F \cap H_1$, $F \cap H_2, \ldots, F \cap H_k$ zerlegt wird, welche zwei Bedingungen erfüllen: (1) es ist nicht möglich, eine solche Klasse in einer bezüglich G statistisch relevanten Weise unterzuteilen, d. h. für alle $i = 1, 2, \ldots, k$ und für jedes Merkmal J ist $p(G,F \cap H_i) = p(G,F \cap H_i \cap J)$; (2) die k Wahrscheinlichkeiten $p(G,F \cap H_i)$ (für $i = 1, 2, \ldots, k$) sind voneinander verschieden.

Durch (1) gewinnt man Klassen von der gesuchten Art; durch (2) wird garantiert, daß es sich um *maximale* Klassen von dieser Art handelt.

Salmon nennt eine Klasse, welche die erste Bedingung erfüllt, eine *homogene Bezugsklasse für G*[47]. Für die Definition der Homogeneität greift er auf den Misesschen Begriff der Stellenauswahl zurück[48].

Der leitende Gedanke für die Einführung des Begriffs der Stellenauswahl im Rahmen des v. Misesschen Denksystems sei kurz erläutert, zum Teil durch Heranziehung eines Illustrationsbeispiels. Wenn wir einen Würfel betrachten, für den die

[46] In den folgenden Überlegungen weiche ich methodisch ziemlich stark vom Vorgehen Salmons ab.

[47] Vgl. a. a. O. S. 187.

[48] Vgl. v. Mises, [Wahrscheinlichkeit], S. 28ff.

Wahrscheinlichkeit, eine 6 zu werfen, p beträgt, so ist dieser Wert p nach der Limestheorie der Wahrscheinlichkeit, die v. Mises vertritt, der Grenzwert der relativen Häufigkeiten in der Bezugsklasse aller Würfe mit diesem Würfel. Wenn wir aus dieser Folge eine unbegrenzt fortsetzbare Teilfolge willkürlich herausheben, so muß der Grenzwert derselbe bleiben. (Dies ist praktisch die v. Misessche Definition des für seine Theorie so grundlegenden Begriffs des *Kollektivs*. Da dieser Begriff aber im augenblicklichen Kontext unwesentlich ist, soll er nicht weiter benützt werden.) Wenn die eben formulierte Bedingung erfüllt ist, spricht v. Mises von einer *Unempfindlichkeit gegen Stellenauswahl*. „Stellenauswahl" definiert er als „die Herstellung einer Teilfolge von der Art, daß über die Zugehörigkeit oder Nichtzugehörigkeit eines Elements entschieden wird, ohne daß dabei das Merkmal des Elementes, d. i. der Spielausgang, benützt wird"[49]. Bei unserer Symbolisierung „$p(G, F) = r$" von statistischen Wahrscheinlichkeitsaussagen wäre G dasjenige, was v. Mises das Merkmal des Elementes nennt. Wenn wir aus der Folge der Würfe z. B. die Teilfolge herausheben, deren Glieder in der ursprünglichen Folge Primzahlnummern haben, so liegt eine Stellenauswahl vor. Keine Stellenauswahl ist jedoch gegeben, wenn wir die Teilfolge der Würfe betrachten, die eine 6 ergeben haben, oder der Würfe, die eine gerade Augenzahl ergeben haben. Denn in derartigen Fällen ist die Teilfolge erst konstruierbar, *nachdem man bereits untersucht hat*, ob das fragliche Merkmal zutrifft oder nicht. In Analogie zu der v. Misesschen Definition nennt Salmon a. a. O., S. 187, eine Bezugsklasse homogen, *wenn es prinzipiell keine Möglichkeit gibt, eine statistisch relevante Zerlegung der Bezugsklasse zu liefern, ohne bereits zu wissen, welche Glieder das fragliche Attribut haben und welche nicht.*

Der hier — bei v. Mises explizit, bei Salmon implizit — benützte Begriff der Stellenauswahl für die Homogeneitätsdefinition ist aus zwei Gründen problematisch. Erstens ist er unmittelbar mit der Limeskonzeption der statistischen Wahrscheinlichkeit verknüpft: die Unempfindlichkeit gegenüber Stellenauswahl ist ja dadurch definiert, daß *der Grenzwert der relativen Häufigkeiten* in der willkürlich ausgewählten Teilfolge *derselbe* ist wie in der Gesamtfolge. Von dieser Bezugnahme auf die Häufigkeitsdefinition der statistischen Wahrscheinlichkeit könnte man sich aber leicht befreien, so daß dieses erste Bedenken keinen wesentlichen Einwand darstellt. Entscheidender ist ein zweites Bedenken: Von beiden Autoren wird dabei ein präzisierungsbedürftiger Begriff verwendet. Bei v. Mises kommt er innerhalb der Wendung „ohne daß . . . *benützt* wird" vor, bei Salmon innerhalb der Wendung „ohne bereits zu *wissen*, daß . . .". Was ist unter diesen Formulierungen genau zu verstehen? Man könnte zunächst an den folgenden Definitionsvorschlag denken: „Keine Stellenauswahl (bzw. keine Zerlegung von der geschilderten Art) liegt vor, wenn das das Auswahlverfahren (die Zerlegung) charakterisierende Prädikat entweder mit ‚G' identisch oder so definiert ist, daß ‚G' in der Definition wesentlich vorkommt." Die nicht erlaubte Aussonderung der Sechserwürfe wäre von der ersten Art. Die ebenfalls nicht erlaubte Aussonderung der geradzahligen Würfe wäre von der zweiten Art; denn ein Wurf ist als geradzahlig charakterisiert, wenn er entweder ein Zweier- oder ein Vierer- *oder ein Sechserwurf* ist.

Man kann sich aber leicht klarmachen, daß diese Bestimmung nicht ausreicht. Das Problem (VIII), welches wir das Dilemma der nomologischen Implikation nannten (und welches Salmon für seinen Einwand gegen Hempels ursprüngliche Explikation benützte), tritt auch hier wieder auf. Angenommen etwa, die sechs Seiten des Würfels seien nicht mit Augenzahlen versehen, sondern mit den sechs Farben *Rot*, *Blau*, *Grün*, *Gelb*, *Orange*, *Violett*. Wir sondern nun *die Teilfolge derjenigen Würfe aus*, *die V'-Würfe sind*, wobei ein Wurf ein *V'-Wurf* genannt wird, wenn die nach oben zeigende Seite eine Farbe hat, die am entgegengesetzten Ende

[49] a. a. O. S. 29/30.

des sichtbaren Spektrums liegt als die Farbe Violett. Ohne Zweifel würde v. MISES sagen, daß wir auf diese Weise *keine* Stellenauswahl vorgenommen haben. Denn wir haben ja in der Tat nichts anderes getan, als die Teilfolge der *Rot-Würfe* ausgesondert, und haben das Aussonderungsverfahren bloß in einer verklausulierten Weise formuliert. Die Schwierigkeit liegt aber darin, ein solches Aussonderungsverfahren zu verbieten. Nach dem obigen Präzisierungsvorschlag wird es jedenfalls *nicht* verboten. Wir haben für seine Charakterisierung das Attribut *Rot* weder wesentlich erwähnt noch einen Begriff benützt, in dessen Definition das Prädikat „rot" wesentlich vorkommt. Das Attribut Violett ist ja nicht dadurch *definiert*, daß es am entgegengesetzten Ende des sichtbaren Spektrums liegt als die Farbe *Rot*. Vielmehr haben wir *physikalisches Hintergrundwissen* herangezogen, um die verklausulierte Konstruktion einer Auswahl zu erreichen, die keine Stellenauswahl ist, obwohl sie durch die Definition des zulässigen Auswahlverfahrens nicht verboten wird.

Dieser Hinweis auf das Problem (VIII) und unser seinerzeitiger Lösungsvorschlag legt jedoch eine *präzise Definition des benötigten Homogeneitätsbegriffs* nahe, *in welcher nur von logischer und nomologischer Implikation die Rede ist.* Da wir den Begriff der statistischen Analyse in zwei Varianten vorlegen wollen — nämlich in einer ‚*absoluten*' und in einer *epistemisch relativierten* Fassung —, muß auch der Homogeneitätsbegriff auf zwei Weisen definiert werden. Um diese Definition nicht zweimal anschreiben zu müssen, wird die absolute Version, soweit sie sich von der epistemisch relativierten unterscheidet, jeweils in Klammern gesetzt. Der Einfachheit halber benützen wir, so wie bisher, alternativ die Attribut- und die Klassensprechweise. Unter A_t verstehen wir abermals das zur Zeit *t* akzeptierte Wissen.

Das statistische Gesetz $p(B,Y) = p$ sei Element von A_t (sei gültig). Wir nennen *Y* eine zu *t epistemisch homogene* (eine *absolut homogene*) Bezugsklasse für *B* gdw für jede nomologische Klasse bzw. für jedes nomologische Attribut *D*, welche bzw. welches weder *B* noch $\neg B$ logisch oder (A_t-) nomologisch impliziert, gilt:

$$p(B,Y \cap D) = p(B,Y) \in A_t \;\; (p(B,Y \cap D) = p(B,Y)).$$

Weiter sagen wir, daß die Klassen bzw. die Attribute $C_1, C_2, \ldots, C_n$ eine *epistemisch homogene Zerlegung* (*eine absolut homogene Zerlegung*) von *X* bezüglich *B* erzeugen gdw (1) *X* keine zu *t* epistemisch homogene (keine absolut homogene) Bezugsklasse für *B* ist; (2) $X \subseteq C_1 \cup C_2 \cup \cdots \cup C_n$; (3) $C_i \cap C_j = \emptyset$ für alle $i \neq j$ mit $1 \leqq i \leqq n$, $1 \leqq j \leqq n$; (4) für jedes *i* mit $1 \leqq i \leqq n$ $X \cap C_i$ eine zu *t* epistemisch homogene (eine absolut homogene) Bezugsklasse für *B* ist.

Schließlich sagen wir noch, daß die *n* Attribute eine *epistemisch homogene* (eine *absolut homogene*) *Minimalzerlegung* von *X* bezüglich *B* erzeugen gdw für die *n* Werte p_i mit $p_i = p(B, X \cap C_i)$ für $1 \leqq i \leqq n$ gilt: $p_i = p_j$ nur wenn $i = j$.

In den ersten beiden Definitionsschritten haben wir uns vom problematischen Begriff der Stellenauswahl befreit. Durch die Homogeneitätsdefinition wird der Gedanke präzisiert, daß es im Prinzip keine für B statistisch relevante Unterteilung der Bezugsklasse Y gibt (sei es relativ auf eine gegebene Wissenssituation, sei es absolut). Durch den Begriff der homogenen Zerlegung wird die Unterteilung einer vorgegebenen, bezüglich B inhomogenen Bezugsklasse X in für B homogene Teilklassen bewerkstelligt. Der Begriff der Minimalzerlegung garantiert dabei, daß wir *maximale* homogene Teilklassen $X \cap C_i$ bilden. Dadurch sollen bereits an dieser Stelle die Schwierigkeiten ausgeräumt werden, die durch das Analogon zum Paradoxon der irrelevanten Gesetzesspezialisierung auftreten würden (vgl. (II) und die Art der Überwindung dieses Problems in Abschnitt 3).

Würden wir nämlich zulassen, daß $p_i = p_j$ auch dann gelten könnte, wenn $i \neq j$, so könnte man ja eine Teilklasse C von der Art, daß $X \cap C$ für B homogen ist, in zwei Teilklassen C_i mit $C_i \subsetneqq C$ und $C_j = C - C_i$ zerlegen, und die beiden Aussagen $p_i = p(B, X \cap C_i)$ sowie $p_j = p(B, X \cap C_j)$ $(= p_i)$ bilden. Für eine Minimalzerlegung ist dies wegen $p_i = p_j$ jedoch nicht zulässig.

Wir können jetzt dazu übergehen, die eigentliche Explikation vorzunehmen, wobei wir einige Modifikationen an der Salmonschen Definition[50] anbringen. Wir geben zunächst die abstrakte Definition und liefern im Anschluß daran die intuitiven Erläuterungen. Nur der leitende Gedanke sei bereits hier angeführt: In einer gegebenen pragmatischen Situation werde die Frage gestellt, wie es komme, daß ein Objekt a, welches Element von F ist, auch ein Element von G sei. Dabei möge die statistische Ausgangsinformation $p(G,F) = q$ zur Verfügung stehen[51]. Wir nennen das geordnete Paar $\mathfrak{B} = \langle a \in F \cap G, p(G,F) = q \rangle$ das Analysandum. Die Antwort wird durch eine homogene Minimalzerlegung von F bezüglich G geliefert, wobei die Wahrscheinlichkeitswerte (mit den Zerlegungsgliedern als Bezugsklassen) angegeben werden und außerdem eine Information hinzugefügt wird, die beinhaltet, welchem Zerlegungsglied das Objekt a angehört. Genauer gesprochen:

Eine *statistisch-kausale Tiefenanalyse von Minimalform* unseres Analysandums besteht aus einem geordneten Paar $\mathfrak{T} = \langle \mathfrak{B}, \mathfrak{A} \rangle$, dessen Erstglied das *Analysandum* $\mathfrak{B}$ und dessen Zweitglied das *Analysans* $\mathfrak{A}$ enthält. Diese Tiefenanalyse hat die folgende genauere Gestalt, wobei q eine bestimmte reelle Zahl mit $0 \leqq q \leqq 1$ und i eine bestimmte natürliche Zahl mit $i \leqq n$ ist:

$$\mathfrak{T} = \langle \mathfrak{B}, \mathfrak{A} \rangle = \langle \langle a \in F \cap G, p(G,F) = q \rangle, \langle a \in F \cap C_i, \mathfrak{K} \rangle \rangle.$$

Dabei seien für eine natürliche Zahl $n > 0$ n Klassen bzw. Attribute $C_1, C_2, \ldots, C_n$ gegeben, die eine zu t epistemisch homogene (eine absolut homogene) Minimalzerlegung von F bezüglich G erzeugen; ferner sei

[50] "Statistical Explanation", S. 220f.

[51] Diese Ausgangsinformation *braucht* dem Fragenden nicht bekannt zu sein. Ist sie ihm nicht bekannt, so kann ihm dieser Teil des Analysandums anderweitig zur Verfügung gestellt werden.

$a \in F \cap C_i$ zu t akzeptiert (wahr) und $\mathfrak{K}$ sei die Klasse der folgenden n statistischen Elementaraussagen, welche zu t akzeptiert sind (welche wahr sind):

$$p(G, F \cap C_1) = q_1$$
$$p(G, F \cap C_2) = q_2$$
$$\vdots$$
$$p(G, F \cap C_n) = q_n .$$

(Man beachte, daß alle neuen Details dieser Definition ausschließlich das Analysans $\mathfrak{A}$ betreffen!)

Wir geben eine kurze Erläuterung, wobei wir zwecks größerer Anschaulichkeit pragmatische Ausdrücke verwenden: Die Ausgangsinformation bestehe in dem Wissen darum, daß a, welches ein F ist, *auch ein G ist*, sowie in dem Wissen um die *Ausgangswahrscheinlichkeit q von G bezüglich F*. Es wird keine Erklärung heischende Warum-Frage gestellt, sondern *eine auf das Situationsverständnis abzielende Frage*, welche etwa so formuliert werden könnte: „*Wie ist es zu verstehen, daß a, welches ein F ist, auch ein G ist?*“[52] Die Antwort wird durch eine statistische Tiefenanalyse geliefert, die aus zwei Komponenten besteht. Eine dieser Komponenten ist mit einer Klasse von elementaren statistischen Aussagen $p(G, F \cap C_j) = q_j$ identisch, wobei an die Stelle der ursprünglichen Bezugsklasse F n Durchschnitte $F \cap C_j$ für eine (sei es epistemisch, sei es absolut) *homogene Zerlegung* von F in C_1, $C_2, \ldots, C_n$ tritt. Die andere Komponente besteht insofern in einer *Verschärfung der singulären Ausgangsinformation*, als von a nicht nur die Zugehörigkeit zur ursprünglichen Bezugsklasse F, sondern zu der engeren Bezugsklasse $F \cap C_i$ für ein bestimmtes i ausgesagt wird. Man beachte, daß aus der Definition der Minimalzerlegung folgt, daß $q_i = q_j$ nur wenn $i = j$.

4.c Statistische Analyse und statistisches Situationsverständnis. Wir beginnen unsere Betrachtungen mit einer sehr wichtigen, die statistische Tiefenanalyse betreffenden Feststellung: *In der durch das Analysans gelieferten Information sind auch die Endwahrscheinlichkeiten enthalten.* Die für das Objekt a bedeutsame und uns daher besonders interessierende Endwahrscheinlichkeit ist für die feste Zahl i gleich $p(G, F \cap C_i) = q_i$; denn die Bezugsklasse wurde ja von F auf $F \cap C_i$ reduziert, nämlich durch die Verschärfung der singulären Prämisse von $a \in F \cap G$ zu $a \in F \cap C_i \cap G$. Der Vergleich der Endwahrscheinlichkeit q_i mit der Ausgangswahrscheinlichkeit q ermöglicht eine Aussage darüber, ob und in welchem Sinn C_i für G bezüglich F von statistischer Relevanz ist. Die Analyse enthält eine Teilaussage über *positive Relevanz*, wenn $q_i > q$, über *negative Relevanz*, wenn

[52] Es möge beachtet werden: das dem Verbum „verstehen“ entsprechende Substantiv ist nicht „Verstehen“, sondern „Verständnis“.

$q_i < q$, und über *Irrelevanz*, wenn $q_i = q$[53]. *Alle drei Fälle sind möglich.* Wir können uns davon, welcher realisiert sein wird, nur passiv überraschen lassen. Sobald die n statistischen Gesetze gegeben sind, hängt die Antwort auf die Relevanzfrage nur davon ab, in welcher der n Klassen $C_1, \ldots, C_n$ das Objekt a liegt.

Daß wir von einer statistischen Analyse *von Minimalform* sprechen, hat zwei verschiedene Gründe, entsprechend der Doppeldeutigkeit des Prädikates „minimal". Zum einen wird für die ursprüngliche Bezugsklasse F bezüglich G eine homogene Minimalzerlegung vorgenommen. Da wir Klassen von maximalem Umfang wählen, erhalten wir eine *Minimalzahl* derartiger Klassen. Zum anderen liefert uns eine derartige Analyse *die minimale statistische Information*, welche in der fraglichen Situation gegeben werden kann.

Daß wir schließlich von einer statistisch-*kausalen* Analyse sprechen, geschieht aus den in 4.a diskutierten Gründen: Die Homogeneität der n Klassen $F \cap C_1, \ldots, F \cap C_n$ bezüglich G ist ein Garant dafür, *daß keine neuen Informationen diese Attribute in ihrer Relevanz für G abschirmen*[54].

Auf die Frage: „Was leistet eine statistische Analyse von der beschriebenen Art?" dürfte die beste Antwort die folgende sein: „Sie liefert ein *statistisches Situationsverständnis*." Dieses Situationsverständnis war nicht vorhanden, solange die homogene Minimalzerlegung nicht durchgeführt worden ist. Genauer sollte man sagen, daß ein *minimales* statistisches Situationsverständnis geliefert wird. In 4.d werden wir uns überlegen, ob man die Bereitstellung eines derartigen Situationsverständnisses oder etwas anderes eine statistische Erklärung nennen solle. Ohne diesen Betrachtungen vorzugreifen, dürfen wir doch schon jetzt die eine Feststellung treffen, daß der Ausdruck „Erklärung" *in einem metaphorischen Sinne* gebraucht werden könnte. Neben der Verwendung in Kontexten wie „Erklärung von Tatsachen" bzw. „erklären, warum etwas geschehen ist" gibt es auch den Gebrauch: „Erklärung des Funktionierens einer Maschine (eines Automaten, eines Computers)". Was hier in diesem zweiten Sinn dem Fragenden ‚erklärt' wird, ist *das Funktionieren eines statistischen Mechanismus*. Damit, daß wir dieses Funktionieren erklärt bekommen, lernen wir den Mechanismus begreifen und gewinnen ein minimales Verständnis dessen, ‚was hier vor sich geht'.

---

[53] Auch dieser Fall kann eintreten; denn es wird ja nicht gefordert, daß alle q_j von q verschieden sein müssen. Da jedoch die q_j *untereinander verschieden* sind, kann auch die Irrelevanz nur bei Zugehörigkeit von a zu *einer ganz bestimmten Klasse* C_i gegeben sein.

[54] Im epistemischen Fall kann es sich natürlich ereignen, daß entweder gewisse unter den benützten statistischen Hypothesen oder die Homogeneitätsannahme oder beides unrichtig sind. Die oben erwähnte ‚Garantie' besteht natürlich *nur relativ auf diese als gültig vorausgesetzten Aussagen.*

Zur Illustration greifen wir ein von SALMON gegebenes Beispiel heraus[55], welches sich deshalb besonders gut eignet, weil die Endwahrscheinlichkeit von der Ausgangswahrscheinlichkeit außerordentlich stark abweicht. Das Objekt a sei ein Atom, von dem wir wissen, daß es aus einer zum Zeitpunkt t_0 entstandenen Mischung von ^{238}Uran-(U-) und Thorium-C' oder $^{212}P_0$-(P-) Atomen besteht. Die Frage laute, warum a im Verlaufe von 0,0005 Minuten nach t_0 zerfallen (Z) sei. Der Fragende wird vermutlich die Ausgangswahrscheinlichkeit nicht kennen. Sie möge ihm zur Verfügung gestellt werden. Wir erhalten eine statistische Aussage $p(Z,U \cup P) = r$, wobei die Wahrscheinlichkeit r vom Mengenverhältnis der U- und P-Atome abhängen wird. Nehmen wir an, es seien ungefähr gleich viele Atome beider Arten enthalten. Dann wird die Wahrscheinlichkeit ziemlich klein sein, da die Halbwertszeit bei ca. zwei Milliarden Jahren liegen wird.

Nach unserem gegenwärtigen Wissensstand bilden die beiden Klassen U und P eine *homogene* Zerlegung der ursprünglichen Bezugsklasse; denn keine physikalischen Einflüsse, wie Änderungen der Temperatur, des elektromagnetischen Feldes usw., bewirken eine Änderung im Tempo des radioaktiven Zerfalls.

Da $(U \cup P) \cap U = U$ und $(U \cup P) \cap P = P$, enthält die Klasse $\mathfrak{K}$ der statistisch-kausalen Tiefenanalyse von Minimalform zwei statistische Aussagen: $p(Z,U) = r_1$ und $p(Z,P) = r_2$[56]. Sowohl r_1 als auch r_2 weichen von r außerordentlich stark ab. Denn die Halbwertszeit von ^{238}U beträgt $4{,}5 \times 10^9$ = 4,5 Milliarden Jahre, während die Halbwertszeit von $^{212}P_0$ nur $1{,}6 \times 10^{-7}$ = 1/16 000 000 sec. beträgt.[57] Dennoch kann die Informationsverschärfung der singulären Aussage im Übergang von $a \in (U \cup P) \cap Z$ zu $a \in U \cap Z$ bestehen, d. h. das fragliche, in der kurzen Zeitspanne nach t_0 zerfallene Atom kann ein ^{238}U-Atom sein! Die formale Rekonstruktion der statistisch-kausalen Tiefenanalyse würde für diesen Beispielsfall so aussehen:

$$\langle\langle a \in (U \cup P) \cap Z,\ p(Z,U \cup P) = r\rangle, \langle a \in U \cap Z, \{p(Z,U) = r_1, p(Z,P) = r_2\}\rangle\rangle$$

[55] "Statistical Explanation", S. 208.

[56] Die fraglichen Wahrscheinlichkeitsverteilungen sind Exponentialverteilungen. Die verschiedenen Parameter veranschaulichen jeweils die Steilheit der exponentiellen Zerfallskurve. Eine genaue mathematische Beschreibung dieses Sachverhaltes findet sich z. B. bei A. RÉNYI, [Wahrscheinlichkeitsrechnung], S. 106f.

[57] Es sei kurz an den Begriff der Halbwertszeit erinnert. A sei ein atomares Element einer radioaktiven Substanz, welches zu t_0 noch nicht zerfallen ist. Die Halbwertszeit von A ist diejenige Zeitspanne t, so daß die statistische Wahrscheinlichkeit dafür, daß A zwischen t_0 und $t_0 + t$ zerfällt, gleich 1/2 ist. Der Begriff der Halbwertszeit wird von den Atomen auf die fragliche Substanz selbst übertragen. Gewöhnlich wird unter direkter Bezugnahme auf die Substanz selbst der Begriff der Halbwertszeit durch die Bestimmung definiert, daß es sich um denjenigen Zeitraum handelt, in dem ‚durchschnittlich die Hälfte' einer beliebigen Anfangszahl von Atomen dieser Substanz zerfällt.

Die Ausgangsinformation (= das Analysandum) besteht im Wissen um die Zerfallswahrscheinlichkeit der Mischung aus Uran-Thorium-C'-Atomen sowie in der Feststellung, daß a ein atomares Element dieser Mischung ist, das im Zeitraum $t-t_0$ zerfallen ist. Das Analysans enthält die beiden *schärferen statistischen Informationen*, die aus den statistischen Gesetzen über die Halbwertszeiten von ^{238}U und $^{212}P_0$ logisch ableitbar sind, sowie die *schärfere Tatsacheninformation*, daß das in $t-t_0$ zerfallene Atom ein Uran-Atom war.

Eine Person, welche erstens die beiden speziellen statistischen Gesetze nicht kannte, da ihr die beiden Halbwertszeiten unbekannt waren, und die zweitens nicht um die Zugehörigkeit des Atoms a zu U oder zu P wußte, hat durch diese Analyse *ein optimales statistisches Situationsverständnis* gewonnen. Und zwar hat sie dieses Verständnis gewonnen ungeachtet dessen, daß $r_1 < r$ und daß $r_2 \gg r$, daß also a ein gegenüber dem Ausgangsattribut $U \cup P$ engeres Attribut U besitzt, das bezüglich jenes Ausgangsattributes *von hoher negativer Relevanz ist.*

Das Beispiel liefert eine Illustration für einen besonders krassen Fall von der Art, daß zunächst eine statistische Gesetzmäßigkeit $p(G, F) = r$ und außerdem das Wissen um die Zugehörigkeit eines Individuums zur Bezugsklasse F sowie zu G gegeben ist; und daß die zu einem späteren Zeitpunkt erfolgende Informationsverschärfung darin besteht, daß das fragliche Individuum außerdem zu einer *engeren* Bezugsklasse bezüglich G gehört, die aus F dadurch hervorgeht, daß zu F ein Merkmal hinzugefügt wird, *welches für G bezüglich F von hoher negativer Relevanz ist.*

Der Grund dafür, daß wir von der *minimalen* statistischen Information sprechen, welche durch diese Analyse geliefert wird, liegt darin, daß bei geeignet gelagerten Fällen die Information auch erweitert werden könnte. Dazu müssen wir bedenken, daß die statistische Ausgangsinformation nur in einer elementar-statistischen Aussage, nicht jedoch in einer Verteilungshypothese bestand. Und nur für die elementar-statistische Aussage wurde eine homogene Zerlegung der Bezugsklasse vorgenommen. Während in unserem Beispiel die Verteilungshypothese mit der elementar-statistischen Hypothese automatisch mitgegeben ist, da wir nur an Z und $\overline{Z}$ interessiert sind (und die Wahrscheinlichkeit $p(\overline{Z}, U \cup P)$ den Betrag $1-r$ hat), braucht dies in anderen Fällen nicht so zu sein. Neben dem zunächst interessierenden Attribut G in der Ausgangshypothese $p(G,F) = q$ könnte es n Alternativen $G_1, G_2, \ldots, G_n$ geben, deren Wahrscheinlichkeiten bezüglich F vielleicht ebenfalls von gewissem Interesse sind. Ihre Kenntnis würde das statistische Situationsverständnis in ähnlicher Weise erweitern, wie im obigen Analogiebild das Wissen um das Funktionieren eines Automaten erweitert wird, wenn man das Funktionieren *des ganzen Fabrikationsprozesses* erfährt, in welchem der Automat nur eine bestimmte Teilfunktion erfüllt. Erklärungen im Sinn der Erklärungen des Funktionierens eines Automatismus oder Mechanismus können prinzipiell stets in der Weise verbessert werden, daß man größere Zusammenhänge, die ursprünglich außer Betracht gelassen wurden, miteinbezieht.

Sowohl in unseren allgemeinen Überlegungen als auch in dem speziell gewählten Beispiel sind wir davon ausgegangen, daß der Begriff der Homogeneität ein *qualitativer Begriff* ist. Wie die in 4.a angestellten Betrachtungen zeigen, mag dies — vielleicht (!) — im deterministischen Fall gelten. Es gilt sicherlich *nicht generell* im statistischen Fall. Insofern war das Beispiel vom radioaktiven Zerfall ein untypischer Grenzfall. Man braucht nur wieder an das Barometerbeispiel zurückzudenken, um sich daran zu erinnern, daß wir uns im allgemeinen Fall mit einem *komparativen Begriff* „ist homogener als" werden begnügen müssen. Wie ein derartiger Begriff formal präzisiert werden kann, ist von Salmon in „Statistical Explanation" auf S. 195—197 gezeigt worden. Diejenigen Leser, welche sich für dieses technische Detail interessieren, seien auf die dortigen Ausführungen verwiesen.

4.d Was könnte unter „Statistische Erklärung" verstanden werden? Für die in den Abschnitten 3 und 4.b angestellten Überlegungen war der folgende Gedanke maßgebend: Was in der bisherigen Literatur unter dem Thema „statistische Erklärung" behandelt wurde, bezieht sich nicht auf *einen* bestimmten vorexplikativen Begriff, sondern auf *zwei ganz verschiedene Explikanda*. Das *erste Explikandum* besteht danach nicht, wie in Hempels Untersuchungen, in einem korrekten statistischen Argument, durch welches die Frage beantwortet werden soll, warum eine *gewußte Tatsache* stattgefunden habe. Vielmehr handelt es sich um Begründungen, die statistische Hypothesen wesentlich benützen und *durch welche noch nicht gewußte Sachverhalte erst erschlossen werden*. Die paradigmatischen Fälle hierfür bilden Prognosen und Retrodiktionen, die sich auf statistische Hypothesen stützen. Begründungen in diesem Sinn sind keine logisch zwingenden Argumente und daher, wenn man den Ausdruck „Argument" für deduktive Schlüsse reservieren möchte, überhaupt keine Argumente. Sie sind jedoch Argumenten in dem Sinn *ähnlich*, daß sie wegen der Erfüllung der Leibniz-Bedingung gewisse Annahmen, also etwa bestimmte Voraussagen, als rational oder als gut gestützt auszeichnen. Der Begriff der statistischen Begründung nahm für uns dadurch schärfere Konturen an — und erwies sich daher auch als explikationsfähig —, *daß wir diesen Begriff mit einem speziellen Typus des statistischen Schließens identifizieren konnten*, nämlich mit korrekten Anwendungen der Einzelfall-Regel. Während in denjenigen Fällen des statistischen Schließens, die im Vordergrund des fachwissenschaftlichen Interesses stehen, die statistische Hypothese das Objekt der Beurteilung bildet, werden hier umgekehrt als gültig vorausgesetzte statistische Hypothesen *als Mittel zur Stützung bestimmter Erwartungen* verwendet. Zu den interessantesten Anwendungen der statistischen Wahrscheinlichkeit auf Einzelfälle gehören zweifellos die prognostischen Verwertungen von Wahrscheinlichkeitshypothesen.

Das *zweite Explikandum* bildete die *statistische Analyse bekannter Tatsachen.* Eine ausgezeichnete Stellung nimmt hier die statistische Analyse von Minimalform ein, *die das Minimum an erreichbarem statistischen Situationsverständnis erzeugt.*

Für beide Explikationen waren Schwierigkeiten verschiedenster Art zu überwinden. Nur für die erste Explikation konnte ungeachtet dessen, daß sich zusätzliche Probleme ergeben, an die Untersuchung Hempels angeknüpft werden. Denn nur hier handelte es sich darum, etwas zu präzisieren, das man als Argument im weiten Wortsinn bezeichnen kann. Für die zweite Explikation hingegen boten sich die Untersuchungen von Salmon als Anknüpfungspunkt an.

Bei Hempel sind beide Dinge miteinander verschmolzen: Was die Details seiner Explikation betrifft, so zielen diese auf eine Präzisierung des *Begründungs*begriffs ab. Was dagegen den Ausgangspunkt betrifft, nämlich *zu erklärende Fakten,* so bezieht sich dieser auf das zweite Problemgebiet. Beschränkt man Hempels Analysen auf die Probleme des ersten Typs, so wird die Polemik von Salmon gegen Hempel gegenstandslos: sein Explikandum, welches auf *Tatsachen* bezogen ist, muß von dem Hempelschen Explikandum, das *Nichttatsachen* betrifft, unterschieden werden. *Beide* Explikanda sind wichtig und interessant und *beide* Präzisierungen erfüllen wissenschaftstheoretische Desiderata.

Um nicht abermals einer Äquivokation zum Opfer zu fallen, haben wir den Ausdruck „statistische Erklärung" in beiden Fällen vermieden. *Am Ende* der Betrachtungen sollte man sich aber nochmals überlegen, ob und wann von statistischen Erklärungen gesprochen werden könnte. Wir werden vier diesbezügliche Vorschläge überprüfen. Für jeden dieser Vorschläge läßt sich etwas ins Feld führen. Leider werden wir aber auch feststellen müssen, daß sich gegen alle Vorschläge irgendwelche Einwendungen vorbringen lassen.

1. Vorschlag. Unter Berufung darauf, daß einem intuitiven Explikandum stets eine mehr oder weniger große Verschwommenheit anhaftet und daß man daher dem vorexplikativen Sprachgebrauch kein allzu großes Gewicht beimessen sollte, beschließt man, *die Ausdrücke „statistische Begründung"* und *„statistische Erklärung" als Synonyma zu verwenden.* Für diese Sprachregelung kann man zwei zusätzliche und voneinander unabhängige Rechtfertigungsargumente anführen:

Erstens erfüllen Begründungen die *Leibniz-Bedingung.* Wie wir gesehen haben, ist die Leibniz-Bedingung in allen Fällen, wo wir geneigt sind, von einer Tatsachenerklärung zu sprechen, eine wichtige, wenn nicht die wichtigste notwendige Voraussetzung; denn nur dann, wenn wir in irgendeiner Weise einzusehen vermögen, warum das tatsächlich Eingetretene eingetreten und nicht nicht eingetreten ist, billigen wir der Einsicht Erklärungswert zu. Zweitens läßt sich nur bei dieser Gleichsetzung die prima facie doch recht plausible These von der ‚strukturellen Gleichheit von wissenschaftlicher Erklärung und wissenschaftlicher Voraussage' auf den statistischen Fall zumindest *teilweise* rechtfertigen. Akzeptiert man hingegen den Vorschlag von SALMON (vgl. den 2. Vorschlag unten), so wird die strukturelle Gleichheitsthese nicht dadurch falsch, daß sich diese beiden Begriffe nicht ganz decken, sondern sie wird falsch aus dem fundamentalen Grund, *daß statistische Prognosen und statistische Erklärungen überhaupt nichts mehr miteinander zu tun haben.* Denn im einen Fall geht es um Argumente, durch die etwas noch nicht Bekanntes *erst erschlossen* werden soll, im anderen Fall hingegen um die Gewinnung eines Situationsverständnisses, bei dem *überhaupt nichts* zu erschließen ist, da das Analysandum = ‚Explanandum' *bereits bekannt* ist.

Ich selbst würde allerdings eher dazu neigen, diese zweite Erwägung nicht als eine indirekte Stütze zugunsten dieses ersten Vorschlages zu benützen, sondern tatsächlich die eben angedeutete radikale Konsequenz zu ziehen.

Ganz unabhängig davon, wie man zu dieser Frage steht, läßt sich gegen diesen ersten Vorschlag der schwerwiegende Einwand machen, *daß durch eine solche Sprachregelung ein kategorialer Unterschied bewußt unterdrückt wird,* nämlich der Unterschied zwischen epistemischen Fragen und Erklärung heischenden Fragen. Die ersteren sind vom Typ: „woher weißt du, daß ...?" die letzteren vom Typ: „warum ist das und das so und nicht anders?" Wenn man sich daran erinnert, wieviel Unheil in der Philosophie bereits durch kategoriale Verwechslungen angerichtet worden ist, *so wird man eine Empfehlung nicht gutheißen können, die darauf hinausläuft, sich über den Unterschied zwischen Gründen für eine Überzeugung (ein Glauben, ein Wissen) und Ursachen für ein Weltgeschehen hinwegzusetzen.* Frühere Beispiele haben gezeigt, wie sehr sich unser Sprachgefühl gegen eine solche Gleichsetzung wehrt.

2. Vorschlag. Unter *statistischen Erklärungen* sollen *statistische Analysen von Minimalform* verstanden werden. Dies entspräche dem Sprachgebrauch von SALMON. Wenn man nur zwischen dem ersten und diesem zweiten Sprachgebrauch zu entscheiden hätte, so könnte man zugunsten des Vorschlages von SALMON auf einen weiteren Nachteil des ersten Vorschlages hinweisen, der hier hinwegfällt: die Paradoxie (I). Nur solange man unter statistischen Erklärungen *Argumente zugunsten des Wahrscheinlichen* versteht, führt die Realisierung des Unwahrscheinlichen zu einer Paradoxie, wenn man eine Erklärung für diese Realisierung geben soll, eine deterministische Tiefenanalyse jedoch ausgeschlossen ist, wie etwa im Beispiel des radioaktiven Zerfalls. Für die statistischen Analysen im explizierten Sinn verschwindet diese Paradoxie automatisch, weil diese Analysen nichts enthalten, was man ‚argumentative Auszeichnung oder Begünstigung des Wahrscheinlichen' nennen könnte.

Trotzdem läßt sich auch hier ein ähnlicher Einwand vorbringen: Nach SALMONS eigenen Worten, die zu Beginn von 4.b zitiert wurden, soll der Begriff der statistischen Erklärung auf den der *positiven* Relevanz zurückgeführt werden. Nun kann jedoch die statistische Minimalanalyse so beschaffen sein, daß man aus ihr im Widerspruch dazu eine *Irrelevanzaussage* oder sogar eine *negative Relevanzfeststellung* gewinnen kann. Präziser ausgedrückt: Wenn die singuläre Ausgangsinformation in der Konjunktion $Fa \wedge Ga$ besteht und die ursprüngliche Hypothese $p(G,F) = r$ lautet, so kann das Analysans die beiden Aussagen $Fa \wedge C_i a \wedge Ga$ und $p(G,F \cap C_i) = r_i$ mit $r_i < r$ oder sogar $r_i \ll r$ enthalten, wie dies in dem von SALMON selbst angeführten Beispiel mit dem radioaktiven Zerfall tatsächlich gilt. *Sowohl die Leibniz-Bedingung als auch die Bedingung der positiven Relevanz sind hier verletzt.* Daher würde von uns auch die Antwort auf die Frage: „warum ist dieses F auch ein G?" als intuitiv absurd empfunden werden, wenn sie lautete: „weil dieses F auch ein C_i ist und weil die Wahrscheinlichkeit, daß ein Ding, welches neben dem Merkmal F das Merkmal C_i besitzt, auch ein G ist, *viel geringer* (!) ist als die Wahrscheinlichkeit, daß ein F überhaupt ein G ist".

Den entscheidenden Einwand gegen SALMONs Anspruch, den Begriff der statistischen Erklärung expliziert zu haben, kann man jetzt in einfacher und bündiger Form formulieren: Jede Erklärung ist Erklärung *von etwas. Auf die Frage, was denn durch das, was er Erklärung nennt, erklärt werde, vermag Salmon keine adäquate Antwort zu geben.* Denn eine adäquate Antwort auf eine Erklärung heischende Frage von der Gestalt: „Warum ist dieses a, welches ein F ist, auch ein G?" kann offenbar nicht lauten: „weil a außerdem ein weiteres Merkmal besitzt, das zusammen mit F die Wahrscheinlichkeit, daß a auch ein G ist, unter die ursprüngliche Wahrscheinlichkeit für das Vorliegen von G wesentlich herabdrückt."

SALMON ist vermutlich durch seinen Versuch irregeleitet worden, die Carnapsche Unterscheidung zwischen *Bestätigungsgrad* und *Relevanz* zu parallelisieren. Sein Erklärungsbegriff sollte sich vom Hempelschen in ähnlicher Weise unterscheiden wie sich die Carnapschen Relevanzbegriffe vom Carnapschen Begriff des Bestätigungsgrades unterscheiden. Doch diese Parallele hat einen Haken. Während nämlich die Carnapsche Familie *alle* Relevanzbegriffe umfaßt: die Fälle der positiven Relevanz, der negativen Relevanz und der Irrelevanz — und es übrigens nichts ausgemacht haben würde, wenn CARNAP diese ganze Familie, im Widerspruch zu seiner Terminologie, unter den Oberbegriff „Bestätigungsgrad" zusammengefaßt hätte[58] —, kann von einer Erklärung im Sinn der Beantwortung der Salmonschen Frage: „warum ist dieses F auch ein G?" *höchstens im Fall der positiven Relevanz* gesprochen werden. Die positive Relevanz aber können wir nicht erzwingen, wenn der Zufall es anders will.

3. Vorschlag. Man beschließt, der Aufforderung zu einer Erklärung im statistischen Fall stets durch die Zwei-Worte-Antwort nachzukommen: „(es geschah) *durch Zufall*". Obzwar wir vom intuitiven Standpunkt eine derartige Antwort vermutlich nur in denjenigen Fällen als wirklich angemessen empfinden, wo sich sehr Unwahrscheinliches tatsächlich ereignete,

[58] Es hätte dann auch *negative* Bestätigungsgrade gegeben. So etwas anzunehmen, ist nichts Unnatürliches.

hat diese Antwort doch den Vorteil, *daß sie niemals falsch ist, sofern das Geschehen von statistischen Gesetzen beherrscht wird*; und daß diese Antwort daher in solchen Fällen im Prinzip immer gegeben werden kann. Man kann keine Gegenbeispiele vorbringen; und man braucht auch keine komplizierten Überlegungen darüber anzustellen, ob gewisse Bedingungen erfüllt sind, wie z. B. die Leibniz-Bedingung oder die Bedingung der positiven Relevanz gegenüber einer Ausgangswahrscheinlichkeit oder die Bedingung für adäquate statistische Begründungen.

Diesen Vorteilen steht ein nicht weniger fundamentaler Nachteil gegenüber: *Die Antwort hat keinen Informationswert.* Man könnte es auch so ausdrücken: Das ursprüngliche Explikandum war der Begriff der *wissenschaftlichen* statistischen Erklärung. Das Explikandum wurde durch ein anderes ersetzt, in welchem das Beiwort „wissenschaftlich" gestrichen wird. Es handelt sich nur um eine der vielen möglichen Verwendungen von „eine Erklärung geben", auf welche hier, allerdings beschränkt auf den statistischen Fall, hingewiesen wird. Wenn man zunächst von der Vorstellung ausging, daß zumindest *eines* der Ziele der systematischen Wissenschaften darin besteht, Erklärungen zu liefern, die vorher nicht möglich waren, so müßte man diesen Gedanken wieder preisgeben, sobald man den dritten Vorschlag für den Begriff der statistischen Erklärung akzeptiert. Man braucht nur zu der prinzipiellen Auffassung zu gelangen, daß die grundlegenden Naturgesetze statistische Gesetze sind, um ausnahmslos alles ‚erklären' zu können, selbst etwas zwar logisch Mögliches, aber doch phantastisch Unwahrscheinliches wie dies, daß dieser Stein sich plötzlich von der Erde löst und aufs Dach des nächsten Hauses fliegt. *Man würde bei Befolgung dieses dritten Vorschlages* außer dem grundsätzlichen Wissen um den probabilistischen Charakter allen Geschehens *keine Theorie benötigen, um alles erklären zu können.*

4. Vorschlag. Angenommen, die folgenden drei Bedingungen seien erfüllt:

(1) Außer $a \in A$ und $a \in B$ sei die statistische Hypothese $p(B, A) = r$ *mit niedriger Ausgangswahrscheinlichkeit* r gegeben.

(2) Die statistische Minimalanalyse führe zu der weiteren Erkenntnis, daß außerdem $a \in C_i$, wobei $p(B, A \cap C_i) = s$ mit $s \gg r$. Es sei also die (zu Beginn von 4.b zitierte) Bedingung von Salmon erfüllt, ‚daß die Wahrscheinlichkeit des Explanandum-Ereignisses relativ auf die erklärenden Tatsachen wesentlich größer ist als die Ausgangswahrscheinlichkeit'. Denn die Ausgangswahrscheinlichkeit dafür, daß ein A auch ein B ist, betrug nur r, während die ‚erklärende Tatsache' $a \in A \cap C_i$ so geartet ist, daß das wesentlich erwähnte Attribut $A \cap C_i$, als Bezugsattribut für B genommen, diesem letzteren *die Wahrscheinlichkeit s zuteilt, welche viel größer ist als die Ausgangswahrscheinlichkeit* $p(B, A)$.

(3) Die in Abschnitt 3 formulierten *Bedingungen für ein Begründungsargument seien erfüllt:* aus einem Wissen um $a \in A \cap C_i$ sowie $p(B, A \cap C_i) = s$

hätte $a \in B$, wenn es nicht schon gewußt gewesen wäre, in dem dortigen Sinn *rational erschlossen* werden können.

Wenn diese günstige Überlagerung von statistischer Analyse und statistischer Begründung vorliegt, scheinen alle an einen Erklärungsbegriff zu stellenden Desiderata erfüllt zu sein: *Erstens* haben wir das durch die statistische Minimalanalyse gelieferte *statistische Situationsverständnis* gewonnen, das mit den in (1) gegebenen Daten noch nicht vorlag. *Zweitens* ist, wie das Ergebnis der Minimalanalyse zeigt, die von SALMON geforderte Bedingung der positiven Relevanz erfüllt, da s viel größer ist als r. *Drittens* sind die Voraussetzungen für ein prognostisch verwertbares *rationales Begründungsargument* gegeben, was wieder zweierlei bedeutet: (a) *die* von jeder adäquaten Erklärung zu fordernde *Leibniz-Bedingung ist erfüllt*; (b) *was sich tatsächlich ereignete*, nämlich daß A ein B ist, *stimmt mit dem überein, was rational zu erwarten war*.

Wenn man also überhaupt einen statistischen Erklärungsbegriff benützen möchte, scheint unter allen Vorschlägen dieser vierte Vorschlag der beste zu sein. Ohne überhaupt auf die Frage einzugehen, ob das Reden von einer statistischen Erklärung bei Vorliegen dieser Bedingungen als sprachlich angemessen erscheint, müssen wir abermals sofort auf einen negativen Punkt hinweisen, der selbst in diesem günstigsten Fall dagegen spricht, den Ausdruck „statistische Erklärung" zu verwenden: Ob eine statistische Erklärung in dieser vierten Bedeutung möglich ist oder nicht, hängt nicht allein von uns ab, *sondern auch wieder ‚vom Zufall'*.

Wenn keine Erklärung in diesem Sinn vorliegt, so *kann* dies natürlich darauf beruhen, *daß wir versagt haben*: Der Fehler liegt bei uns, wenn wir uns z. B. auf eine *falsche* statistische Hypothese stützen oder wenn wir *fälschlich* annehmen, alle für ein Begründungsargument erforderlichen Voraussetzungen seien erfüllt. Der Fehler liegt insbesondere auch dann bei uns, wenn wir *irrtümlich* glauben, es handle sich um einen irreduziblen statistischen Fall, der eine deterministische Tiefenanalyse ausschließt.

Das Nichtvorliegen einer Erklärung in diesem Sinn *kann* aber auch vom Zufall abhängen. Die statistische Analyse *könnte* ja ergeben haben, daß $a \in A \cap C_k$ mit $p(B, A \cap C_k) = v$ mit $v < r$ oder sogar $v \ll r$. Dann wäre das, was wir als ‚erklärende Tatsachen' anführen möchten, von *negativer* Relevanz für das zu Erklärende; a fortiori wäre *die Leibniz-Bedingung nicht erfüllt*, und *ein Begründungsargument*, welches lehrt, daß das, was sich tatsächlich ereignete, rational zu erwarten war, *wäre ausgeschlossen*. Bei Vorliegen eines solchen unbehebbaren intuitiven Konfliktes zwischen dem, was sich ereignete, und dem, was zu erwarten war, könnte eine Erklärung in diesem vierten Wortsinn nicht gegeben werden. Wieder am Salmonschen Beispiel des radioaktiven Zerfalls erläutert: Wenn wir gefragt werden, warum *dieses Atom* aus der zu t_0 gebildeten Mischung von Uran-Atomen und Thorium-C'-Atomen 0,0005 Minuten nach t_0 zerfallen ist, so kann eine Erklärung im Sinn dieses vierten Vorschlages gegeben werden, *falls es sich bei diesem Atom um ein Thorium-C'-Atom handelt.* Es ist jedoch *keine* Erklärung möglich, wenn wir das Pech haben sollten, uns mit „dieses Atom" auf ein Uran-Atom zu beziehen. Die einzige Antwort, welche uns hier übrig bliebe, wäre die Zurückbeziehung auf die nichtinformative sprachliche Reaktion des dritten Vorschlages: „durch Zufall".

Es bliebe nur ein sehr schwachen Trost, sich zu überlegen, *daß man in derartigen Fällen ‚auf lange Sicht' viel häufiger Eklärungen im vierten Wortsinn zu geben vermöchte als keine Erklärungen.* Denn diesem Gedanken wäre der andere entgegenzustellen, *daß wir in solchen Fällen auf lange Sicht mit praktischer Gewißheit in Situationen geraten werden, in denen eine Erklärung dieser Art ausgeschlossen ist.*

Rein logisch bestünde noch die Möglichkeit weiterer Vorschläge, so z. B. eines *5. Vorschlages*, der zwischen dem zweiten und vierten in der Mitte liegt: man verzichtet auf die Erfüllung der Bedingungen für ein statistisches Begründungsargument (Abschwächung des vierten Vorschlages), verlangt jedoch positive Relevanz (Verstärkung des zweiten Vorschlages). Es dürfte sich erübrigen, solche weiteren Vorschläge im einzelnen zu diskutieren, weil in ihnen stets prima-facie-Vorteile durch verschiedene bereits erwähnte Nachteile paralysiert werden.

Über die ‚Paradoxien des Indeterminismus' ist viel geschrieben und viel herumgerätselt worden. Die Ergebnisse der Untersuchungen dieses Teiles IV zeigen eine *rationale Wurzel* für den Eindruck des Paradoxon auf. Sie besteht nicht, wie dies oft behauptet worden ist, in der ‚Preisgabe des Kausalprinzips'. Denn diese Preisgabe enthält keinerlei logische oder epistemologische Paradoxie, sondern nur eine Paradoxie *für jemanden*, für den der Determinismus zum Dogma geworden ist.

Die rationale Wurzel dafür, daß ein indeterministisches System — also ein System, welches nur von statistischen Zustands- und (oder) Ablaufgesetzen regiert wird — in uns einen unbehebbar paradoxen Eindruck hinterläßt, liegt woanders. Eine Aufgabe, wenn nicht *die* Hauptaufgabe der Naturgesetze und der naturwissenschaftlichen Theorie wird darin erblickt, daß man mit ihrer Hilfe *zu Erklärungen* dessen, was wir in dieser Welt antreffen, gelangen solle.

In einem indeterministischen System muß dies *ein unerfüllbarer Wunsch* bleiben. Wir können in solchen Systemen zwar *statistische Begründungen* geben, durch die bestimmte, noch nicht als Tatsachen anerkannte *Erwartungen als rational ausgezeichnet werden.* Wir können *anerkannte Tatsachen* durch *statistische Analysen* anatomisch zergliedern und dadurch ein *statistisches Verständnis* dessen gewinnen, ‚was hier vor sich gegangen ist'. *Aber wir können für ein indeterministisches System, selbst bei Kenntnis aller für das System geltender Gesetze, keine Erklärungen von bekannten Tatsachen geben. Wir können dies aus dem einfachen Grunde nicht tun, weil es so etwas wie statistische Erklärungen überhaupt nicht gibt.*

Der Ausdruck „statistische Erklärung" könnte allerdings sinnvoll in einem anderen Kontext verwendet werden, nämlich als Beantwortung einer Frage, die nicht ein Einzelereignis, sondern gewisse *Eigentümlichkeiten sich wiederholender Folgen von Ereignissen* bestimmter Art betrifft. Eine Erklärung heischende Frage von dieser Art könnte etwa lauten: „Wie kommt es, daß bei Würfen mit dieser Münze viel häufiger *Kopf* als *Schrift* erscheint?" Die Antwort würde hier *nur* in der Berufung auf ein statistisches Gesetz bestehen, evtl. versehen mit einer inhaltlichen Erläuterung, die auf den Zusammenhang von Chance und relativer Häufigkeit hinweist: „Die statistische Wahrscheinlichkeit von *Kopf* ist für diese Münze größer als die von *Schrift*. Und es liegt nun einmal in der Natur des Wahrscheinlicheren, daß es häufiger vorzukommen pflegt als das Unwahrscheinliche." Vielleicht liegt hier eine der psychologischen Wurzeln dafür, daß man geneigt ist, am Gedanken einer statistischen Erklärung von Einzelvorgängen festzuhalten. Man denkt sich etwa: „Wenn man schon *komplexe* Ereignisse (von der Art längerer beobachtbarer Folgen) erklären kann, so muß doch dieselbe Erklärung auch für diejenigen einzelnen Glieder der Folge gelten, in denen sich das Wahrscheinlichere ereignet hat!" Dieser Übergang ist jedoch, wie wir bereits von den Diskussionen in Teil III her wissen, keineswegs selbstverständlich.

Bibliographie

Bar-Hillel, Y. [Corroboration], "Popper's Theory of Corroboration", Manuskript 1970.

Carnap, R. [Probability], *Logical Foundations of Probability*, 2. Aufl. Chicago 1962.

Carnap, R. und W. Stegmüller [I. L.], *Induktive Logik und Wahrscheinlichkeit*, 2. Aufl. Wien 1972.

Grünbaum, A. [Space and Time], *Philosophical Problems of Space and Time*, New York 1963.

Hempel, C. G. [History], "The Function of General Laws in History", in: The Journal of Philosophy Bd. 39 (1942), S. 35—48, abgedruckt in: Hempel, C. G. [Aspects], S. 231—243.

Hempel, C. G. [Versus], "Deductive-Nomological versus Statistical Explanation", in: Feigl, H. und G. Maxwell (Hrsg.), *Minnesota Studies in the Philosophy of Science:* Bd. III, Minneapolis 1962.

Hempel, C. G. [Aspects], *Aspects of Scientific Explanation*, New York-London 1965.

Hempel, C. G. [Maximal Specificity], "Maximal Specificity and Lawlikeness in Probabilistic Explanation", in: Philosophy of Science Bd. 35 (1968), S. 116—133.

Jeffrey, R. C. [Explanation vs. Inference], "Statistical Explanation versus Statistical Inference", in: Rescher, N. (Hrsg.), *Essays in Honor of* Carl G. Hempel, Dordrecht 1969, angedruckt in: Salmon, W. C. (Hrsg.), *Statistical Explanation and Statistical Relevance*, S. 19—28.

Mises, R. v. [Wahrscheinlichkeit], *Wahrscheinlichkeit, Statistik und Wahrheit*, 4. Aufl. Wien-New York 1972.

Reichenbach, H. [Direction], *The Direction of Time*, Berkeley und Los Angeles 1956.

Rényi, A. [Wahrscheinlichkeitsrechnung], *Wahrscheinlichkeitsrechnung mit einem Anhang über Informationstheorie*, Berlin 1962.

Salmon, W. C. [Prior Probabilities], "The Status of Prior Probabilities in Statistical Explanation", in: Philosophy of Science Bd. 32 (1965), S. 137–154.

Salmon, W. C., "Statistical Explanation", in: Colodny, R. G. (Hrsg.), *Nature and Function of Scientific Theories*, S. 173–231, abgedruckt in: Salmon, W. C. (Hrsg.), *Statistical Explanation and Statistical Relevance*, S. 29–87, "Postscript", S. 105–110.

Salmon, W. C. (Hrsg.), *Statistical Explanation and Statistical Relevance*, Pittsburgh 1971.

Stegmüller, W. [Erklärung und Begründung], *Wissenschaftliche Erklärung und Begründung*, Berlin-Heidelberg-New York 1969, Kap. IX, Abschn. 8, S. 664–675, und Abschn. 13, S. 689–702.

Stegmüller, W. [Induktion], „Das Problem der Induktion: Humes Herausforderung und moderne Antworten", in: H. Lenk (Hrsg.), *Neue Aspekte der Wissenschaftstheorie*, Braunschweig 1971, S. 13–74.

Wright, G. H. v. [Understanding], *Explanation and Understanding*, London 1971.

Anhang I: Indeterminismus vom zweiten Typ

In diesem Anhang werden einige Verbesserungen in der Beschreibung der im Bd. I behandelten diskreten Zustandssysteme angegeben, die *indeterministisch* sind, obwohl *alle* für diese Systeme geltenden *Zustands- und Ablaufgesetze streng deterministisch* sind.

In „Wissenschaftliche Erklärung und Begründung" habe ich auf S. 509—517 die Struktur von diskreten Zustandssystemen beschrieben, die in gewissem Sinn ein primitives diskretes Analogon zur Quantenmechanik bilden. Diese Systeme haben die merkwürdige Eigenschaft, daß alle für sie geltenden Zustands- und Ablaufgesetze streng deterministisch sind. Der indeterministische Grundzug entsteht allein dadurch, daß diese Systeme außer deterministischen, d. h. in allen Einzelheiten genau bestimmten Zuständen noch Zustände von anderer Art haben: *Wahrscheinlichkeitszustände* (*W-Zustände*), in denen die einzelnen Merkmale nur ‚bis auf Wahrscheinlichkeiten bestimmt' sind. Systeme von diesem Typ nannte ich *J_2-Systeme.*

J_1-Systeme sind demgegenüber die von N. Rescher entwickelten diskreten Zustandssysteme. Die indeterministischen J_1-Systeme sind dadurch charakterisiert, daß einige der ein solches System beherrschenden Ablaufgesetze statistische Gesetze sind (vgl. Bd. I, Kap. III).

Wenn in naturphilosophischen Überlegungen von Indeterminismus die Rede ist, so denkt man meist an denjenigen Typus, der im diskreten Fall durch J_1-Systeme repräsentiert wird, also an das Vorliegen bloß statistischer Ablaufgesetze, die nicht auf deterministische Ablaufgesetze reduzierbar sind.

Meine These lautete: Wenn die moderne Physik recht hat, so ist das Universum ein indeterministisches System, aber nicht ein solches, das durch ein diskretes Analogiemodell vom J_1-Typus repräsentiert wird, sondern ein solches, für welches eher die J_2-Systeme eine diskrete Veranschaulichung liefern.

Das a. a. O. beschriebene System hatte zwei Typen von Zuständen: *S-Zustände* und *T-Zustände* (diskretes Analogon zu konjugierten Größen). Für beide Typen gibt es zwei Arten von Zuständen: *D-Zustände* (deterministische Zustände) und *W-Zustände* (Wahrscheinlichkeitszustände). Befindet sich das System bezüglich eines der beiden Typen in einem D-Zustand, so kann der elementare Teilzustand S_i bzw. T_i bestimmt werden. Befindet sich das System hingegen in einem W-Zustand, so ist dies nicht möglich.

Bei verschiedenen Lesern wird vermutlich dadurch eine gewisse Verwirrung hervorgerufen worden sein, daß ich eine dritte Zustandsart einführte, nämlich *unbestimmte Zustände* oder *U-Zustände* (a. a. O. S. 510). Die Einführung dieser dritten Zustandsart ist tatsächlich vollkommen überflüssig, da sich diese Zustände als spezielle Wahrscheinlichkeitszustände deuten lassen. Dementsprechend sind die Komplikationen vermeidbar, die bei der Formulierung von Gesetzen durch die Einführung dieser dritten Zustandsart auftreten.

Eine prinzipielle Klärung dürfte sich am raschesten dadurch herbeiführen lassen, daß ich das Motiv angebe, welches mich zur Einführung von *U*-Zuständen neben *W*-Zuständen veranlaßte: *Es waren wahrscheinlichkeitstheoretische Skrupel.* In der wahrscheinlichkeitstheoretischen Literatur sind bekanntlich seit langem die fehlerhaften Anwendungen des sog. Indifferenzprinzips bemängelt worden, die darauf hinauslaufen, *daß aus einer Unkenntnis auf Gleichwahrscheinlichkeit geschlossen wird.* Ich war nun der (irrigen) Meinung, daß man auch in der Quantenphysik scharf zwischen Unbestimmtheit und Gleichwahrscheinlichkeit unterscheiden müsse; andernfalls sei man den Einwendungen ausgesetzt, die gegen das erwähnte Prinzip vorgebracht worden sind.

Man muß jedoch zwischen zwei anderen Dingen scharf unterscheiden: einem irreführenden Sprachgebrauch einerseits und einer fehlerhaften Anwendung des Indifferenzprinzips andererseits. Falls z. B. das Quantenphysiker sagt: „Wenn der Impuls eines Elementarteilchens genau bestimmt ist, dann ist der Ort vollkommen *unbestimmt*" und außerdem noch hinzugefügt, mit dem letzteren sei gemeint, daß eine *totale Unkenntnis* der Ortskoordinaten bestehe, so *meint er* in Wahrheit etwas ganz anderes, nämlich daß eine *Gleichwahrscheinlichkeit* in bezug auf die möglichen Werte der Ortskoordinaten vorliegt. Es wird daher, wenn der Physiker später Gleichwahrscheinlichkeit annimmt, kein fehlerhafter oder zumindest höchst anfechtbarer Schluß nach dem Indifferenzprinzip vorgenommen. Vielmehr handelt es sich nur um einen etwas ungewöhnlichen (und wohl von den meisten Wahrscheinlichkeitstheoretikern verpönten) Sprachgebrauch. Wenn immer solche Wendungen, wie „totale Unkenntnis" oder „Unbestimmtheit" vorkommen, so ist in diesen physikalischen Kontexten nichts anderes gemeint als *das Vorliegen einer ganz bestimmten Verteilung*, nämlich eine Gleichwahrscheinlichkeit bezüglich der möglichen Meßwerte.

Meine probabilistischen Skrupel waren also unbegründet. Dementsprechend sind in dem diskreten Modell, a. a. O. S. 510ff., die U-Zustände stets als *Gleichverteilungszustände*, also als spezielle Wahrscheinlichkeitszustände, zu interpretieren. Das Symbol „U" bedeutet somit nur eine Abkürzung. Daß z. B. U(T) gilt, muß so gedeutet werden: Es liegt jener spezielle *W*-Zustand vor, in welchem für die 7 elementaren Teilzustände vom Typus *T dieselbe* Wahrscheinlichkeit, nämlich 1/7, besteht, bei der Bestimmung des Zustandes vom *T*-Typ beobachtet zu werden. Analog bedeutet das Vorliegen von U(S) nichts anderes als gleiche Wahrscheinlichkeit von 1/5 für die Realisierung der Zustände $S_1, S_2, \ldots, S_5$ bei Bestimmung des Zustandes vom Typ S.

Zustandsgesetze werden durch „$\vec{Z}$" oder „$\overleftrightarrow{Z}$", Ablaufgesetze durch „$\vec{A}$" wiedergegeben. Der Buchstabe „U" dient als Abkürzung im angegebenen Sinn. Die beiden ersten Zustandsgesetze besagen, daß bei gegebenem

D-Zustand vom S-Typ ein U-Zustand vom T-Typ vorliegt, sowie daß bei gegebenem D-Zustand vom T-Typ ein U-Zustand vom S-Typ vorliegt:

(1) $S_i \vec{Z}$ U(T) für alle i,

(2) $T_j \vec{Z}$ U(S) für alle j.

In den beiden gleich bezeichneten Gesetzen von Bd. I, S. 511, ist also der Doppelpfeil durch einen einfachen Pfeil von links nach rechts zu ersetzen.

Ferner ist das Zustandsgesetz (5), a. a. O. S. 512, falsch. An seine Stelle hat diejenige Verschärfung zu treten, die a. a. O. auf derselben Seite als Fußnote 62 in der Form einer Vermutung ausgesprochen worden ist: Wenn der Zustand eines Typs bestimmt ist, dann liegt bezüglich des anderen Zustandstyps eine Gleichverteilung vor. Ein derartiges Gesetz braucht aber gar nicht eigens erwähnt zu werden, weil es nach der neuen Interpretation bereits in den Gesetzen (1) und (2) enthalten ist.

Die weiteren Zustandsgesetze verknüpfen Wahrscheinlichkeitsverteilungen von elementaren S-Zuständen mit Wahrscheinlichkeitsverteilungen von elementaren T-Zuständen. Hier kann man im Symbolismus eine Vereinfachung vornehmen: Die oberen Indizes, die ich a. a. O. bei W-Zuständen verwendet habe, sind prinzipiell überflüssig. Sie dienen nur als Hilfsmittel, um mehrere Fälle summarisch zusammenzufassen. Die eigentliche Unterscheidung zwischen W-Zuständen erfolgt durch die *unteren* Indizes. Die auf den Typ S bezogenen W-Zustände werden durch „W_i", die auf den Typ T bezogenen W-Zustände durch „W_i^*" symbolisiert. Ein W_1-Zustand hat z. B. eine andere Struktur als ein W_2-Zustand. „Eine andere Struktur haben" bedeutet dabei soviel wie: „eine andere Wahrscheinlichkeitsverteilung bezüglich der elementaren Zustände (vom Typ S) festlegen." Analoges gilt für die W_i^*-Zustände.

Ein rein probabilistisches Zustandsgesetz, welches ‚nicht-entartete' Wahrscheinlichkeitsverteilungen miteinander verknüpft, könnte z. B. lauten:

$$W_1 \overleftrightarrow{Z} W_3^* .$$

Die *Ablaufgesetze* sind alle deterministisch. Einige verbinden D-Zustände mit D-Zuständen, andere sind gemischt, d. h. sie verbinden D-Zustände mit nachfolgenden W-Zuständen oder umgekehrt. Die interessantesten Gesetze sind diejenigen von reiner W-Form: sie verknüpfen (deterministisch!) bestimmte W-Zustände zu einem Zeitpunkt mit W-Zuständen zum darauffolgenden Zeitpunkt. (Für Illustrationen vgl. a. a. O. S. 513.)

Unter Benützung der einfacheren Symbolik (ohne obere Indizes) könnte man für ein J_2-System mit zwei Zustandstypen S und T die Situation für zwei aufeinanderfolgende Zeiten t_1 und t_2 durch eine Abbildung veranschaulichen (vgl. Fig. 1). Der *horizontale* Pfeil betrifft dabei ein *Ablaufgesetz*, die beiden *senkrechten* Pfeile (ein einfacher, ein doppelter) charakterisieren jeweils ein *Zustandsgesetz*. (Der Buchstabe „Z“ steht in diesem Fall links vom Pfeil.) Was innerhalb eines Rechteckes steht, entspricht dem, was durch den Wert der Psi-Funktion für den fraglichen Zeitpunkt ausgedrückt wird. Diese Entsprechung ist natürlich nur eine sehr ungefähre, daher die Anführungszeichen. (Es darf nicht vergessen werden, daß wir uns auf zwei Zustandstypen beschränkten; die ψ-Funktion im quantenmechanischen Fall besagt natürlich wesentlich mehr, d. h. sie liefert eine viel größere Information.)

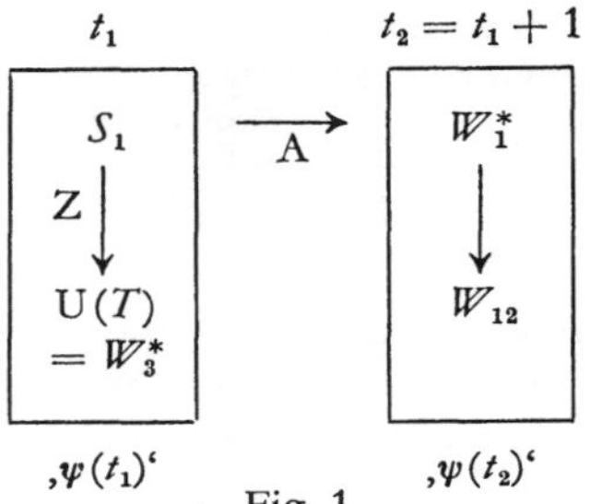

Fig. 1

Zu beachten ist ferner: Wenn sich das System zu t_2 in dem angegebenen ‚$\psi(t_2)$-Zustand‘ befindet, so führt eine T-Beobachtung (und analog eine S-Beobachtung) zu einem genau bestimmten Teilzustand vom Typ T (bzw. vom Typ S). Das System läuft dann so weiter, wie dies auf Grund des Ablaufgesetzes mit diesem Teilzustand als Ausgangszustand bestimmt ist. *Welches* Ablaufgesetz dies sein wird, kann man nicht a priori sagen, da ja nur die Wahrscheinlichkeiten dafür bekannt sind, daß T- bzw. S-Beobachtungen zu bestimmten Teilzuständen führen werden.

Nicht zu übersehen ist auch, daß das a. a. O. skizzierte System — gleichgültig, ob es sich selbst überlassen bleibt oder ob es durch Eingriffe von der Art der T- und S-Beobachtungen in seinem Ablauf in einer nur probabilistisch voraussehbaren Weise beeinflußt wird — zyklisch ist. Dies ergibt sich einfach daraus, daß es nur endlich viele Zustände enthält. Man kann aber selbstverständlich auch diesmal unendliche Zustandssysteme von verschiedenster Beschaffenheit angeben, die nicht zyklisch sind.

Anhang II: Das Repräsentationstheorem von B. de Finetti

1. Intuitiver Zugang

1.a Bernoulli-Wahrscheinlichkeiten und Mischungen von Bernoulli-Wahrscheinlichkeiten. Unter ‚objektive Wahrscheinlichkeit' verstehen wir in diesem Anhang stets den Wahrscheinlichkeitsbegriff in der Häufigkeitsdeutung. Zwar wird damit in der Regel der Begriff derjenigen Theorie gemeint sein, welche in Teil III, 1.b als Limestheorie der Wahrscheinlichkeit bezeichnet worden ist. Doch sollen hier in die objektivistische Auffassung auch alle anderen Theorien einbezogen werden, wonach die statistische Wahrscheinlichkeit ein objektives Merkmal von Ereignisfolgen darstellt, das sich in einem bestimmten Häufigkeitsverhalten manifestiert. Die Gegenposition zum Objektivismus bezeichnen wir als Subjektivismus[1].

Wie wir wissen, bildet es für die objektivistischen Konzeptionen, und da wiederum vor allem für die Limestheoretiker, eine große Schwierigkeit, von der Wahrscheinlichkeit von Einzelereignissen zu reden. Der Subjektivist kennt diese Schwierigkeit nicht, da er das, was dort zum *Problem* wird, zum *Ausgangspunkt* seiner Begriffsexplikation macht: Wahrscheinlichkeiten sind Überzeugungsgrade, und Überzeugungsgrade beziehen sich zunächst immer auf das Eintreffen einzelner Ereignisse. In Teil I und II ist gezeigt worden, wie mittels des Begriffs des Wettquotienten der subjektive Wahrscheinlichkeitsbegriff quantitativ präzisiert werden kann und wie außerdem auf dieser Grundlage eine Begründung der Axiome der Wahrscheinlichkeitstheorie — unter Ausschluß der σ-Additivität — geliefert werden kann.

Der Subjektivist beschränkt sich aber nicht darauf, mit seinem Wahrscheinlichkeitsbegriff in der rationalen Entscheidungstheorie zu arbeiten. *Für ihn ist der subjektive Wahrscheinlichkeitsbegriff der einzig legitime Wahrscheinlichkeitsbegriff schlechthin.* Er lehnt somit den probabilistischen Dualismus genauso ab wie dies die ‚orthodoxen Objektivisten' tun, die keinen Wahrscheinlichkeitsbegriff außer dem der objektiv-statistischen Wahrscheinlichkeit anerkennen wollen, wenn auch aus dem gegenteiligen Grund. Am radikalsten hat sich diesbezüglich DE FINETTI geäußert. Wenn man daran glaubt, daß es eine objektive statistische Wahrscheinlichkeit gibt, dann ist

[1] Der Unterschied zwischen der deskriptiven und der normativen Betrachtungsweise, der an früherer Stelle zu der terminologischen Unterscheidung zwischen *subjektiver Wahrscheinlichkeit* und *personeller Wahrscheinlichkeit* führte, spielt im gegenwärtigen Zusammenhang keine wesentliche Rolle.

diese Wahrscheinlichkeit eine *unbekannte* Größe, über die man nur hypothetische Annahmen machen kann. *Unbekannte Wahrscheinlichkeit* aber ist nach de Finetti *ein nebuloser und unexakter Begriff*; denn der Ausdruck „unbekannte Wahrscheinlichkeit" läßt sich nicht definieren und Hypothesen über eine solche Wahrscheinlichkeit haben daher keinerlei objektive Bedeutung[2]. Die Geschichte scheint in der Tat de Finetti recht zu geben: Die Definition, welche die Limestheoretiker für diesen Begriff vorschlugen, hielt der Kritik nicht stand. Und eine andere und bessere Definition ist auf objektivistischer Grundlage nicht gefunden worden.

Gerade dieses Definitionsproblem bereitet nun wiederum dem Subjektivisten überhaupt keine Schwierigkeiten und daher auch keine schlaflosen Nächte. Wie bereits erwähnt, identifiziert de Finetti die *Wahrscheinlichkeit*, die ein Ereignis *E für eine Person* hat, mit dem Grad, in dem diese Person an *E* glaubt; und diesen Glaubensgrad *definiert er ‚operational'* als den höchsten Wettquotienten, mit dem diese Person auf *E* zu wetten bereit ist.

Ich will die Feststellung: „‚Unbekannte objektive Wahrscheinlichkeit' ist ein sinnloser Ausdruck", de Finettis *erste These* nennen. Zu dieser ersten These tritt nämlich eine zweite These hinzu, in deren Begründung nicht nur die Wurzel dafür liegen dürfte, daß der Subjektivismus eine so starke Beachtung gefunden hat, sondern die außerdem dazu führte, daß viele Wahrscheinlichkeitstheoretiker und Statistiker die subjektive Interpretation akzeptierten und in allen Varianten des Objektivismus nicht mehr zu erblicken bereit sind als verschiedene Spielarten eines zum Scheitern verurteilten metaphysischen Abenteuers.

Die *zweite These* kann folgendermaßen formuliert werden: „Die Suche nach einer besseren Definition der statistischen Wahrscheinlichkeit ist *überflüssig*. Ein Begriff der statistischen Wahrscheinlichkeit ist nämlich in dem Sinn *unnötig*, daß man in allen wissenschaftlichen Kontexten, in denen von Wahrscheinlichkeit die Rede ist, mit dem subjektiven Wahrscheinlichkeitsbegriff allein auskommt". Im Repräsentationstheorem von de Finetti kann man die Begründung dieser zweiten These erblicken. Mit den im Beweis dieses Theorems entwickelten Methoden wird der Anspruch verknüpft, *die gesamte Theorie der objektiven Wahrscheinlichkeit in den subjektivistischen Rahmen einbetten zu können*. Wir können nach Kenntnisnahme dieses Beweises zwar wieder dazu übergehen, *so zu tun, als ob* es unbekannte objektive Wahrscheinlichkeiten gäbe. Aber dies ist nichts weiter als eine *façon de parler* — analog wie es etwa eine bloße façon de parler ist, in der Analysis zu sagen, daß der Wert der Funktion $1/n$ *unendlich klein* wird, wenn das Argument *n unendlich groß* wird.

Um sich ein Bild von dem genialen Verfahren de Finettis zu verschaffen, ist es wichtig, die Probleme, welche er bewältigen mußte, nicht zu vernied-

[2] Vgl. [Foresight], S. 141f.

lichen. Genau genommen mußte er mit zwei Klassen von Schwierigkeiten fertig werden, die in einem gleich zu erläuternden Sinn auf zwei verschiedenen Ebenen oder ‚Stockwerken‘ liegen: Der Objektivist muß von objektiven Wahrscheinlichkeiten reden, die insofern *unbekannt* sind, als wir die Wahrheit oder Falschheit von Aussagen über objektive Wahrscheinlichkeiten niemals endgültig feststellen können. Anders gesprochen: Über statistische Wahrscheinlichkeiten lassen sich nur *Hypothesen* formulieren, die weder verifizierbar noch falsifizierbar sind. Nun kann der Objektivist natürlich nicht alle statistischen Hypothesen als gleichwertig betrachten, sondern muß sie *metatheoretisch beurteilen*. Er braucht also auf der metatheoretischen Ebene so etwas wie einen *Glaubwürdigkeitsgrad* statistischer Hypothesen. Für den Subjektivisten ist nun bereits die erste Voraussetzung falsch: *objektive statistische Wahrscheinlichkeit* ist für ihn ja ein sinnloser Begriff. Daher ist es auch sinnlos, *Hypothesen über* diese Wahrscheinlichkeit aufzustellen. Und damit wird schließlich auch der Begriff des Glaubwürdigkeitsgrades von Hypothesen sinnlos[3]. (Insbesondere wäre vom streng subjektivistischen Standpunkt auch ein Streit zwischen ‚Popperianern‘ und ‚Carnapianern‘[4] darüber, ob diese Glaubwürdigkeit oder *Hypothesenwahrscheinlichkeit* eine Wahrscheinlichkeit im technischen Sinn darstelle, als sinnlos zu beurteilen.) In der Begründung der zweiten These muß also eine doppelte Abhilfe geschaffen werden, nämlich erstens für den Begriff der objektiven statistischen Wahrscheinlichkeit und zweitens für den Begriff der Hypothesenwahrscheinlichkeit.

Die Notwendigkeit, den Begriff der Hypothesenwahrscheinlichkeit abzulehnen, ergäbe sich für den Subjektivisten übrigens selbst dann, wenn es einen Sinn hätte, von statistischen Wahrscheinlichkeiten zu sprechen und hypothetische Annahmen über statistische Wahrscheinlichkeiten zu machen. *Nur auf Einzelereignisse kann man Wetten abschließen*, da wir hier die Möglichkeit haben, festzustellen, ob das Ereignis eingetroffen ist oder nicht. Da man hingegen die Wahrheit oder Falschheit statistischer Hypothesen *niemals* entscheiden könnte, wäre es auch unmöglich, über sie Wetten abzuschließen. Die obige operationale Definition der Wahrscheinlichkeit, die von subjektivistischer Seite als allein gültig anerkannt wird, wäre also in diesem Fall nicht mehr durchführbar. *Was soll es auch heißen, eine Wette über eine statistische Hypothese abzuschließen, wenn es prinzipiell unmöglich ist, den Ausgang einer solchen Wette festzustellen bzw. genauer: wenn ein solcher Ausgang überhaupt nicht existiert?*

Ganz abgesehen von der Ablehnung des Begriffs der statistischen Wahrscheinlichkeit *kann* der Subjektivist den Wahrscheinlichkeitsbegriff *nur auf Ereignisse*, nicht jedoch auf statistische Hypothesen anwenden.

Um einen intuitiven Zugang zu de Finettis Begründung der zweiten These zu gewinnen, bedienen wir uns der objektivistischen Sprechweise:

[3] Von der Frage, ob man im *deterministischen* Fall so etwas wie eine Beurteilung einer Hypothese nach Glaubwürdigkeitsgraden benötigt, kann man hier ganz abstrahieren; denn deterministische Hypothesen stehen jetzt nicht zur Diskussion.

[4] „Carnap“ ist hier im Sinn von „Carnap I“ zu verstehen.

Wir tun so, als ob es alles das gäbe, wovon im Rahmen des Objektivismus gesprochen wird. Allerdings überlegen wir uns jedesmal *außerdem*, wie die subjektive Wahrscheinlichkeitsbewertung zu lauten hat. Später wird sich, dies ist de Finettis Überzeugung, ergeben, daß wir es hier nicht nur mit einem *methodischen* ‚Als Ob', sondern *mit einem wirklichen Als-Ob* zu tun haben: es wird sich als überflüssig erweisen, solche Entitäten anzunehmen, wie *objektive Wahrscheinlichkeiten, unabhängige Durchführungen* von Zufallsexperimenten u. dergl.

Ein besonders einfacher Fall ist der einer unregelmäßig aussehenden Münze. Da wir beschlossen haben, zunächst die objektivistische Sprech- und Denkweise anzuwenden, können wir von der *statistischen Oberhypothese* ausgehen, daß die einzelnen Würfe, die man mit dieser Münze machen kann, *voneinander unabhängig sind* und *konstante Wahrscheinlichkeit* haben. Wir unterscheiden zwei Fälle. In beiden Fällen ordnen wir den Münzbeispielen, gemäß dem Vorgehen von Braithwaite in [Unknown Probabilities], entsprechende *Urnenbeispiele* zu. Dies wird zwei Zwecken dienen: Erstens läßt sich dadurch eine Veranschaulichung erzielen, welche die Berechnung der vom subjektivistischen Standpunkt aus allein ‚wahren' subjektiven Wahrscheinlichkeitsbewertung erleichtert. Zweitens läßt sich hier die subjektivistische Kritik am Objektivismus nochmals verdeutlichen; denn die Analogie von Münz- und Urnenbeispielen gilt im strengen Sinn *nur* für den Objektivisten, nicht jedoch für den Subjektivisten. Später werden wir den zweiten Falltyp verallgemeinern. Diese Verallgemeinerung wird zugleich den Weg zur Begründung der zweiten These weisen.

Um für alle behandelten Fälle einen einheitlichen Symbolismus zur Verfügung zu haben, führen wir einige Abkürzungen ein. Einzelne Würfe mit der Münze nennen wir *Versuche*. Die Versuche mit dem Ergebnis *Kopf* nennen wir *Erfolge* oder *erfolgreiche Versuche*. Analog soll im Urnenbeispiel von Erfolg gesprochen werden, wenn eine weiße Kugel gezogen wird. Unter $A_{n,x}$ verstehen wir das Ereignis, daß bei n Versuchen genau x Versuche *in einer ganz bestimmten Reihenfolge* — die im übrigen nicht näher spezifiziert wird — erfolgreich sind. $B_{n,x}$ soll das Ereignis sein, daß bei n Versuchen genau x Versuche erfolgreich sind. Zum Unterschied von $A_{n,x}$ spielt in $B_{n,x}$ die Reihenfolge keine Rolle. $B_{n,x}$ ist also die Vereinigung von $\binom{n}{x}$ Ereignissen $A_{n,x}$[5]. Wenn P_ϑ die Bernoullische Wahrscheinlichkeitsverteilung[6]

[5] Für die hier und im folgenden benützten elementaren Ergebnisse der Kombinatorik vgl. Teil 0, Abschnitt 1.d. Die Anwendung auf die Bernoulli-Verteilung, mit welcher wir es im Folgenden zu tun haben werden, findet sich in Teil 0, Abschnitt 3.b.

[6] Statt „Binomialverteilung" soll in diesem Anhang stets nur „Bernoulli-Verteilung" gesagt werden. Der Eigenname läßt sich auch adjektivisch verwenden („binomische Verteilung" wäre hingegen mißverständlich).

mit dem Parameter ϑ ist, so erhalten wir somit:

$$P_\vartheta(A_{n,x}) = \vartheta^x(1-\vartheta)^{n-x},$$

sowie:

$$P_\vartheta(B_{n,x}) = \binom{n}{x}\vartheta^x(1-\vartheta)^{n-x}\ [7].$$

Die in objektivistischer Sprechweise formulierte statistische Oberhypothese besagt dann: Für ein bestimmtes ϑ mit $0 \leqq \vartheta \leqq 1$ muß F_ϑ die wahre Verteilung sein.

Fall I: Angenommen, wir wissen bereits, daß die statistische Wahrscheinlichkeit, mit dieser Münze *Kopf* zu werfen, 0,7 beträgt. Das Ereignis $B_{n,x}$ hat dann die Wahrscheinlichkeit

$$P_{0,7}(B_{n.x}) = \binom{n}{x}0{,}7^x \cdot 0{,}3^{n-x}.$$

Wir schreiben auch noch die entsprechende kumulative Verteilungsfunktion an, doch diesmal für die *relativen* statt wie früher für die absoluten Wahrscheinlichkeiten. $F(x;n,0{,}7)$ besage also, *daß die Wahrscheinlichkeit der Erfolge bei n Versuchen höchstens x betrage.* (In der Sprache von Teil 0 wäre dies natürlich durch $F(nx;n,0{,}7)$ wiederzugeben.) Wenn r die größte ganze Zahl ist, so daß $r \leqq nx$, so lautet die Formel für diese Verteilungsfunktion:

$$F(x;n,0{,}7) = \sum_{i=0}^{r} P_{0,7}(B_{n,i}).$$

Aufgrund des starken Gesetzes der großen Zahlen gilt, wenn wir n gegen ∞ gehen lassen:

$$(1)\quad \phi_{0,7}(x) =_{\mathrm{Df}} \lim_{n\to\infty} F(x;n,0{,}7) = \begin{cases} 0 \text{ für } x < 0{,}7 \\ 1 \text{ für } x \geqq 0{,}7 \end{cases}$$

Wir nennen $\phi_{0,7}$ die dem Bernoullischen Wahrscheinlichkeitsmaß $P_{0,7}$ korrespondierende *Bernoullische Grenzverteilungsfunktion mit dem Parameter* 0,7.

Um im ungeübten Leser keine Verwirrung zu erzeugen, sei ausdrücklich darauf hingewiesen, daß wir hier tatsächlich eine *gewöhnliche* Konvergenz und nicht etwa eine Form maßtheoretischer Konvergenz benützen. Denn wir lassen ja nicht relative Häufigkeiten gegen eine Wahrscheinlichkeit konvergieren; vielmehr lassen wir die durch $F(x;n,0{,}7)$ festgelegten *Wahrscheinlichkeiten* von x Erfolgen bei n Versuchen zu der *Wahrscheinlichkeit* konvergieren, die durch die *Grenzfunktion* $\lim_{n\to\infty} F(x;n,0{,}7)$ festgelegt ist. $\phi_{0,7}(x)$ ist nur eine Abkürzung für den diese Grenzfunktion bezeichnenden Ausdruck.

---

[7] Vgl. Teil 0, Abschnitt 3.d. In der dort benützten Symbolik der Wahrscheinlichkeitsverteilungen wäre der jetzige Ausdruck „$P_\vartheta(B_{n,x})$" wiederzugeben durch: „$b(x,n,\vartheta)$". Der von nun an benützte Symbolismus hat den Vorteil, die Unterscheidung von Wahrscheinlichkeitsmaßen durch einen einzigen unteren Index zu gestatten. Diese Vereinfachung ist statthaft, weil wir keine anderen Verteilungen (Wahrscheinlichkeitsmaße) als BERNOULLI-Verteilungen (Bernoullische Maße) benützen.

Inhaltlich gesprochen, besagt das Resultat: Beim Grenzübergang $n \to \infty$ ist die Wahrscheinlichkeit dafür, daß die relative Häufigkeit der Erfolge kleiner als 7/10 ist, gleich 0; die Wahrscheinlichkeit dafür hingegen, daß die relative Häufigkeit der Erfolge mindestens 7/10 beträgt, ist gleich 1.

Der Graph der Funktion $\phi_{0,7}(x)$ hat die folgende Gestalt:

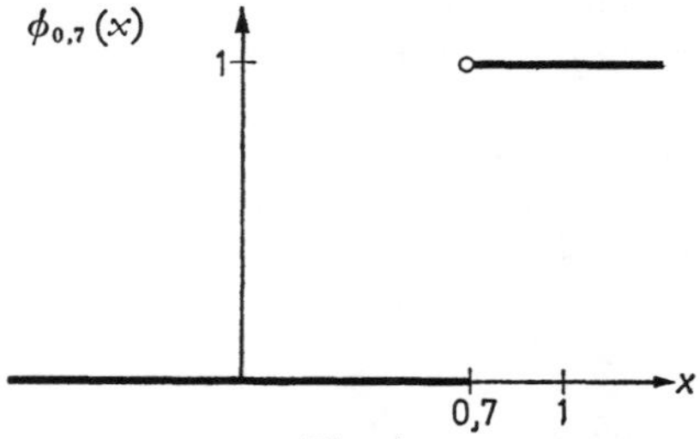

Fig. 1

Das Urnenbeispiel, für welches genau dasselbe mathematische Modell gilt, lautet: Gegeben ist eine Urne mit 7 weißen und 3 schwarzen Kugeln. Die einzelnen *Versuche* bestehen diesmal im Ziehen mit Zurücklegen. Der *Erfolg* eines Versuches bestehe im Ziehen einer weißen Kugel. Vorausgesetzt werde, daß die statistische Wahrscheinlichkeit, eine weiße Kugel zu ziehen, gleich der Proportion (relativen Häufigkeit) der weißen Kugeln unter allen Kugeln der Urne ist. (Bildlich gesprochen: Es wird angenommen, daß man nach jedem Zurücklegen die Urne ‚gut mischt', so daß die Erfolgswahrscheinlichkeit nach jedem Zug plus Zurücklegen wieder mit der relativen Häufigkeit der weißen Kugeln identisch wird.)

Dieses konkrete Beispiel für $\vartheta = 0{,}7$ illustriert die folgende *allgemeine* Aussage: *Für beliebiges* ϑ *mit* $0 \leqq \vartheta \leqq 1$ *entspricht der Bernoullischen Verteilung* P_ϑ *eine Grenzverteilungsfunktion* $\phi_\vartheta(\cdot)$, *die eine Sprungfunktion mit einem einzigen Sprung von der Größe* 1 *an der Stelle* ϑ *ist; für die Argumente* $x < \vartheta$ hat $\phi_\vartheta(x)$ *den konstanten Wert* 0, *für die Argumente* $x \geqq \vartheta$ *den konstanten Wert* 1.

Die Frage: „Welches subjektive Wahrscheinlichkeitsmaß P soll eine Person unter den geschilderten Umständen wählen?" kann sofort beantwortet werden: „Selbstverständlich das ihr bekannte wahre Wahrscheinlichkeitsmaß $P_{0,7}$!" Es soll also für jedes Ereignis E stets gelten: $P(E) = P_{0,7}(E.)$ Dies ist einerseits trivial, andererseits in einem gewissen Sinn nichtssagend. *Trivial* ist es insofern, als jede rationale Schätzung einer Größe mit dem *gewußten* Wert der Größe übereinstimmen muß. Weiß ich z. B. bereits, daß ein Eisenstab genau 1,219 *m* lang ist, so kann ich selbstverständlich auf die Frage, wie lang *nach meiner Schätzung* der Stab ist, nur antworten: „1,219 *m*". *Nichtssagend* ist die Antwort insofern, als sie auf einer niemals geltenden fiktiven Annahme beruht, nämlich der Annahme, ein Mensch könne jemals den wahren Wert einer statistischen Wahrscheinlichkeit genau kennen. Wir können darüber höchstens Hypothesen aufstellen, diese Hypothesen akzeptieren und sie in unser 'tacit knowledge' einbeziehen. „Wissen" heißt hier nicht mehr als „hypothetisch annehmen"; wirklich wissen kann den wahren Wert höchstens der liebe Gott.

Diesen Punkt können wir nun zum Anlaß nehmen, den nach subjektivistischer Ansicht *wesentlichen* Unterschied zwischen dem Münz- und dem Urnenbeispiel hervorzuheben. Im Urnenbeispiel liegt ein *objektives Faktum* vor: die Anzahl der weißen und der schwarzen Kugeln in der Urne. Dieses objektive Faktum können wir jederzeit nachprüfen, indem wir die Urne öffnen und die Zahl der weißen sowie die der schwarzen Kugeln zählen. Was entspricht dem im Münzbeispiel? Die Antwort von DE FINETTI würde lauten: *Nichts*. Wir können bei der Münze nicht so etwas tun wie bei der Urne: die Münze ‚öffnen' und nachsehen, wie groß die Wahrscheinlichkeit für *Kopf* ist. Wir können nur fingieren, daß wir dies könnten; wir tun so, *als ob* jemand dazu in der Lage wäre, das zu tun.

An dieser Stelle drängt sich mir die Analogie zu dem Bild auf, welches WITTGENSTEIN für den Umgang mit unendlichen Mengen in der klassischen Mathematik sowie für den Umgang mit sog. Bewußtseinsvorgängen in der herkömmlichen Philosophie gegeben hat. Es sind, wie er in § 426 der *Philosophischen Untersuchungen* sagt, Ausdrucksweisen, die „für einen Gott zugeschnitten" sind, für einen Gott nämlich, der weiß, was wir nicht wissen können: „er sieht die ganzen unendlichen Reihen und sieht in das Bewußtsein der Menschen hinein". Hier könnte man hinzufügen: „und er sieht in das Innere der Münze hinein und erkennt dadurch deren statistische Wahrscheinlichkeit". *Wir* endlichen Wesen können nur die Urne öffnen und die relative Häufigkeit der weißen Kugeln feststellen. Dagegen können wir nicht dasselbe mit der Münze tun. Der liebe Gott hingegen kann beides. Daß man sich hier unbewußt an das Bild eines allwissenden Geistes klammert, ist für beide, für WITTGENSTEIN wie für DE FINETTI, ein Symptom dafür, daß an der Suche etwas faul ist.

Fall II: Wir gehen nun — nach der Abschweifung des letzten Absatzes — zu dem weit interessanteren und wichtigeren Fall über, in dem uns die statistische Wahrscheinlichkeit *nicht* genau bekannt ist. Doch soll die Anzahl der in Frage kommenden Möglichkeiten sehr stark eingeschränkt sein. Genauer gesprochen, machen wir die folgende Annahme: Wir wissen, daß die statistische Wahrscheinlichkeit, mit dem Würfel *Kopf* zu werfen, entweder genau 0,7 oder 0,2 beträgt. Außerdem benötigen wir in diesem Fall eine *Glaubwürdigkeitsbewertung* statistischer Hypothesen. Wir nehmen an, diese Glaubwürdigkeitsbewertung werde durch einen *quantitativen Begriff der Hypothesenwahrscheinlichkeit* ausgedrückt. Die Hypothesenwahrscheinlichkeit der ersten Hypothese habe den Wert 0,4 und die der zweiten Hypothese somit den Wert 0,6.

Die Situation wird sofort durchsichtiger und verständlicher, wenn wir gleich zum analogen Urnenbeispiel von BRAITHWAITE übergehen; denn in dem Analogiebeispiel benötigt man, wie wir sehen werden, den Begriff der Hypothesenwahrscheinlichkeit überhaupt nicht. Gegeben seien diesmal zehn Urnen und nicht nur eine Urne. Jede der zehn Urnen enthalte wieder 10 Kugeln. Und zwar mögen vier Urnen je 7 weiße und 3 schwarze Kugeln enthalten, während in den übrigen sechs Urnen je 2 weiße und 8 schwarze Kugeln enthalten sind. Ein *Versuch* besteht jetzt aus zwei Schritten: im ersten Schritt wird eine Urne gewählt; im zweiten Schritt wird aus dieser Urne eine Kugel gezogen. Ein Erfolg liegt wieder vor, wenn eine weiße Kugel gezogen wurde. So wie im ersten Schritt setzen wir voraus, daß die statistische Wahrscheinlichkeit mit der relativen Häufigkeit gleichzusetzen ist. Dabei ist aber zu bedenken, daß diese Voraussetzung jetzt zweimal zur Anwendung gelangt: für jede der zehn Urnen besteht dieselbe Wahrscheinlichkeit, im ersten Schritt des Versuchs gewählt zu werden; und für jede der in einer solchen Urne befindlichen Kugeln besteht dieselbe Wahrscheinlichkeit, im zweiten Schritt des Versuchs gezogen zu werden. Zwecks Abkürzung in der Sprechweise nennen wir die ersten vier Urnen 0,7-Urnen und die übrigen sechs Urnen 0,2-Urnen (denn wir sind ja an den Ziehungen *weißer* Kugeln interessiert). Das Ereignis, eine 0,7-Urne zu wählen, werde Z_1 genannt, das Ereignis, eine 0,2-Urne zu wählen, Z_2. Nach Voraussetzung gilt: $P(Z_1) = 0{,}4$, und: $P(Z_2) = 0{,}6$. E sei ein Ereignis, welches die Farbe der gezogenen Kugel beschreibt (oder irgendein anderes, sowohl von Z_1 als auch von Z_2 unabhängiges Ereignis). (Gemeint ist natürlich in jedem Fall, daß E ein Ereignis des zugehörigen Ereigniskörpers sein muß. Darin liegt eine unbehebbare Vagheit, die ihren Grund aber nur darin hat, daß wir in diesen intuitiven Beispielen die Wahrscheinlichkeitsräume und damit auch die entsprechenden Ereigniskörper nicht genau konstruieren. Im gegenwärtigen Beispiel wäre eine solche Konstruktion ziemlich kompliziert.)

Die Wahrscheinlichkeit, daß das Ereignis E *unter der Voraussetzung* stattfindet, *daß* Z_1 *stattgefunden hat*, also die bedingte Wahrscheinlichkeit $P(E \mid Z_1)$, ist gleich $P_{0,7}(E)$; denn Z_1 bedeutet die Wahl einer 0,7-Urne, und eine 0,7-Urne repräsentiert ja nach Voraussetzung gerade die Bernoulli-Wahrscheinlichkeit $P_{0,7}$. Aus derselben Überlegung heraus muß $P(E \mid Z_2)$ gleich $P_{0,2}(E)$ sein. Wir erhalten also die vier Gleichungen:

$$P(Z_1) = 0{,}4; \qquad P(Z_2) = 0{,}6;$$

$$P(E \mid Z_1) = P_{0,7}(E); \qquad P(E \mid Z_2) = P_{0,2}(E).$$

Daraus und wegen der Tatsache, daß Z_1 und Z_2 zwei disjunkte und erschöpfende Ereignisse sind, kann man die Wahrscheinlichkeit $P(E)$ in folgender Weise berechnen:

$$P(E) = P(E \cap (Z_1 \cup Z_2)) = P((E \cap Z_1) \cup (E \cap Z_2))$$

$$= P(E \cap Z_1) + P(E \cap Z_2)$$

(2) $$= P(E \mid Z_1) \cdot P(Z_1) + P(E \mid Z_2) \cdot P(Z_2)$$ (Definition der bedingten Wahrscheinlichkeit)

$$= 0{,}4 \cdot P_{0,7}(E) + 0{,}6 \cdot P_{0,2}(E)$$ (Einsetzung der gewonnenen 4 Gleichungen)

Die letzte Formel drückt etwas aus, das man als *gemischt-Bernoullische Verteilung* bezeichnet. Gemeint ist damit: Es wird ein gewogener Durchschnitt aus zwei Bernoulli-Verteilungen, nämlich der Verteilung $P_{0,7}$ und der Verteilung $P_{0,2}$ gebildet, wobei die Wahrscheinlichkeiten 0,4 und 0,6 als Gewichte (Wägungskoeffizienten) dienen. *Diese beiden Gewichte geben im Urnenbeispiel genau das wieder, was im Münzbeispiel als Hypothesenwahrscheinlichkeit bezeichnet worden ist.* Man kann das Resultat (2) auch so ausdrücken: Die *Wahrscheinlichkeit* $P(E)$ *ergibt sich als eine Mischung der beiden Bernoulli-Verteilungen* $P_{0,7}$ *und* $P_{0,2}$ *mit den entsprechenden Gewichten* 0,4 *und* 0,6.

Wie lautet also die Regel für die Wahl einer ‚vernünftigen' subjektiven Wahrscheinlichkeitsbewertung? Man kann sie aus der Gleichung: $P(E) = 0{,}4 \cdot P_{0,7}(E) + 0{,}6 \cdot P_{0,2}(E)$ entnehmen. *Unter den angegebenen Voraussetzungen ist eine solche subjektive Wahrscheinlichkeitsbewertung vernünftig, die eine Mischung aus den beiden Bernoullischen Wahrscheinlichkeitsverteilungen* ($P_{0,7}$ und $P_{0,2}$) *ist* — von denen man weiß, daß sie die einzig möglichen sind —, *wobei die Hypothesenwahrscheinlichkeiten* (0,4 und 0,6) *als Gewichte dienen.*

Ebenso wie im Fall I wenden wir uns auch diesmal noch der kumulativen Verteilungsfunktion (abermals mit der relativen statt der absoluten Erfolgswahrscheinlichkeit) zu, da wir etwas über deren Gestalt erfahren möchten. Wir symbolisieren diese Funktion durch $F(x; n, 0{,}7, 0{,}2)$ und schreiben für die Grenzfunktion $\psi^2(x)$ (der obere Index 2 soll anzeigen, daß eine Mischung von *zwei* Bernoulli-Verteilungen vorliegt.)[8]

In vollkommener Parallele zum ersten Fall erhalten wir:

$$F(x; n, 0{,}7, 0{,}2) = \sum_{i=0}^{r} P(B_{n,i}),$$

mit r als größter ganzer Zahl, für die gilt: $r \leqq nx$. Zum Unterschied vom ersten Fall enthält das Symbol „P" zunächst keinen unteren Index; ein

[8] Genauer müßte es statt $\psi^2(x)$ heißen: $\psi^2_{0,7;0,2}(x;\ 0{,}4,\ 0{,}6)$, wobei die Parameter der Bernoulli-Maße als untere Indices angefügt sind und die Gewichte im Argument hinter dem „;" angegeben werden.

solcher tritt erst auf, wenn man die Formel für die Mischung anschreibt, nämlich:

$$\psi^2(x) =_{\mathrm{Df}} \lim_{n\to 0} F(x; n, 0{,}7, 0{,}2) = \lim_{n\to 0} \sum_{i=0}^{r} P(B_{n,i})$$

$$= \lim_{n\to\infty} \sum_{i=0}^{r} [0{,}4 \cdot P_{0,7}(B_{n,i}) + 0{,}6 \cdot P_{0,2}(B_{n,i})]$$ (aus der obigen Gleichung für die Mischung, mit $B_{n,i}$ statt E)

$$= 0{,}4 \cdot \lim_{n\to\infty} \sum_{i=0}^{r} P_{0,7}(B_{n,i}) + 0{,}6 \cdot \lim_{n\to\infty} \sum_{i=0}^{r} P_{0,2}(B_{n,i})$$

$$= 0{,}4 \cdot \phi_{0,7}(x) + 0{,}6 \cdot \phi_{0,2}(x) = \begin{cases} 0 \text{ für } x < 0{,}2 \\ 0{,}6 \text{ für } 0{,}2 \leqq x < 0{,}7 \\ 1 \text{ für } 0{,}7 \leqq x \end{cases}$$

Für den letzten Schritt wurde wieder das starke Gesetz der großen Zahlen herangezogen. Außerdem wurde die im Fall I eingeführte Symbolik benützt: die der Bernoullischen Wahrscheinlichkeit $P_{0,7}$ entsprechende Grenzverteilungsfunktion wurde mit $\phi_{0,7}$ und die der Bernoullischen Wahrscheinlichkeit $P_{0,2}$ entsprechende Grenzverteilungsfunktion mit $\phi_{0,2}$ bezeichnet.

Sehen wir uns den Graphen der Funktion $\psi(\cdot)$, welche die Grenzverteilung unserer gemischt-Bernoullischen Verteilung darstellt, genauer an! Wir erhalten das folgende Bild der Funktion:

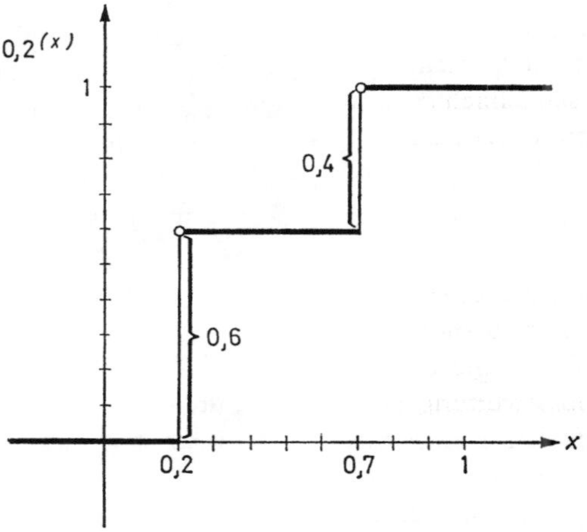

Fig. 2

Das Diagramm ergibt sich aus Fig. 1 sowie der obigen ‚Mischungsformel‘: Wir greifen zunächst dasjenige ϕ mit dem kleineren unteren Index heraus, also $\phi_{0,2}$. Für diese Grenzverteilungsfunktion gilt genau das in Fall I Gesagte (mit 0,2 statt dem dortigen 0,7), nämlich daß diese Funktion für Argumente $< 0{,}2$ den Wert 0 ergibt („bei unendlich vielen Versuchen ist die Wahrscheinlichkeit, daß die relative Häufigkeit unter dem Parameter 0,2 liegt, gleich 0“), für Argumente $\geqq 0{,}2$ hingegen den Wert 1. Da jedoch in der Mischungsformel das Ganze mit 0,6 zu multiplizieren ist, springt der Funktionswert von ψ^2 an der Stelle 0,2 nicht auf 1, sondern nur auf 0,6. Von da an bleibt der Wert bis zu 0,7 konstant, da $\phi_{0,7}$ für alle Argumente $<0{,}7$ den Wert 0 hat und den Wert der Gesamtfunktion daher nicht beeinflußt. (Zufälligerweise ist diese Funktion übrigens mit der von Fall I identisch.) Von der Stelle 0,7 an ist der Wert von $\phi_{0,7}$ gleich 1. Die Gesamtfunktion springt allerdings nur auf eine um 0,4 höhere Stufe, da in der Mischungsformel für jedes x das $\phi_{0,7}(x)$ mit 0,4 zu multiplizieren ist.

Der eben diskutierte zweite Fall liefert das elementarste Beispiel für den allgemeineren (aber noch immer diskreten) Fall. Er soll daher als psychologisch-didaktische Ausgangsbasis für ein Verständnis dieses allgemeineren Falles dienen. Diese Verallgemeinerung besteht für das Münzbeispiel in folgendem: Wir wissen nur, daß eine von m Bernoulli-Verteilungen $P_{\vartheta_1}, P_{\vartheta_2}, \ldots, P_{\vartheta_m}$ die wahre Verteilung ist. Aus Zweckmäßigkeitsgründen seien die Werte ϑ_i nach zunehmender Größe geordnet, so daß also gilt: $\vartheta_1 < \vartheta_2 < \cdots < \vartheta_m$. Die Hypothesenwahrscheinlichkeiten dieser m Möglichkeiten seien $u_1 = \frac{k_1}{r_1}, u_2 = \frac{k_2}{r_2}, \ldots, u_m = \frac{k_m}{r_m}$. Der hier gewählte Buchstabe „u“ soll die Überleitung zum Urnenbeispiel erleichtern: Wir nehmen an, daß wir es mit einer Gesamtheit von $r_1 \times r_2 \times \cdots \times r_m$ Urnen zu tun haben. In einer Proportion von u_1 Urnen befinden sich weiße Kugeln mit derselben Proportion ϑ_1; kürzer ausgedrückt: die relative Häufigkeit der ϑ_1-Urnen beträgt u_1. Analog ist die relative Häufigkeit der ϑ_2-Urnen gleich $u_2, \ldots$, und schließlich die relative Häufigkeit der ϑ_m-Urnen gleich u_m.

In vollkommener Analogie zur Formel (2) erhalten wir jetzt die allgemeinere Formel:

$$(3) \qquad P(E) = \sum_{i=1}^{m} u_i \cdot P_{\vartheta_i}(E)\,.$$

Dies ist somit abermals eine *gemischt-Bernoullische Verteilung*, nämlich eine Mischung von m Bernoulli-Verteilungen P_{ϑ_i} mit den entsprechenden Gewichten u_i. Die Regel für die vernünftige Wahl einer subjektiven Wahrscheinlichkeitsbewertung lautet daher ganz analog wie früher: Es ist eine Mischung aus den m Bernoulli-Verteilungen P_{ϑ_i} zu wählen, deren Gewichte u_i die zugehörigen Hypothesenwahrscheinlichkeiten ausdrücken. Im Urnenbeispiel könnte diese Hypothesenwahrscheinlichkeit u_i durch die Proportion der ϑ_i-Urnen repräsentiert werden.

Wenn man ebenso wie im Fall II zur kumulativen Verteilungsfunktion übergeht und von dieser für $n \to \infty$ zur Grenzverteilung $\psi^m(x)$ (genauer: $\psi^m_{\vartheta_1,\vartheta_2,\ldots,\vartheta_m}(x; u_1, u_2, \ldots, u_m)$), so erhält man, wie zu erwarten, auch diesmal aufgrund des starken Gesetzes der großen Zahlen:

$$(4)\quad \psi^m(x) = u_1 \cdot \phi_{\vartheta_1}(x) + u_2 \cdot \phi_{\vartheta_2}(x) + \ldots + u_m \cdot \phi_{\vartheta_m}(x) = \sum_{i=1}^{m} u_i \cdot \phi_{\vartheta_i}(x).$$

Jedes ϕ_{ϑ_i} ist eine Grenzverteilung von der Art (1), also die dem Bernoulli-Maß P_{ϑ_i} zugeordnete Bernoullische Grenzverteilungsfunktion mit dem Parameter ϑ_i, d. h. eine Sprungfunktion mit dem Wert 0 für Argumente, die kleiner sind als ϑ_i, und dem Wert 1 für Argumente $\geqq \vartheta_i$. Wir können die Funktion ψ^m die gewogene kumulative Grenzverteilung der Wahrscheinlichkeit P von (3) nennen. Sie ist ein gewogener Durchschnitt von m Bernoullischen Grenzverteilungen. Wollte man ganz pedantisch sein, so müßte man sie daher als *gewogene kumulative Bernoullische Grenzverteilungsfunktion mit den Parametern* $\vartheta_1, \ldots, \vartheta_m$ bezeichnen. Die $m + 1$ Funktionswerte kann man wieder in übersichtlicher Weise anschreiben:

$$\psi^m(x) = \begin{cases} 0 \text{ für } x < \vartheta_1 \\ u_1 \text{ für } \vartheta_1 \leqq x < \vartheta_2 \\ u_1 + u_2 \text{ für } \vartheta_2 \leqq x < \vartheta_3 \\ \vdots \\ u_1 + u_2 + \cdots + u_i \text{ für } \vartheta_i \leqq x < \vartheta_{i+1} \\ \vdots \\ 1 \text{ für } \vartheta_m \leqq x. \end{cases}$$

Aufgrund dieser Beschreibung kann man sich sofort ein anschauliches Bild vom Graphen dieser Funktion machen: Es handelt sich um eine monoton wachsende Treppenfunktion, die an den m Stellen ϑ_i jeweils um den Betrag u_i ‚nach oben springt' und von da an für alle Argumente $< \vartheta_{i+1}$ konstant bleibt, um bei ϑ_{i+1} wieder um u_{i+1} weiter ‚nach oben zu springen'; für $x < \vartheta_1$ ist sie 0 und ab dem Argument ϑ_m nimmt sie den konstanten Wert 1 an.

Diese Verallgemeinerung lehrt zugleich folgendes: Wenn man die Zahl m hinreichend groß und die Sprunghöhen geeignet groß wählt, so kann man erreichen, daß eine solche Treppenfunktion mit beliebiger Genauigkeit eine vorgegebene Funktion F approximiert, welche die drei Bedingungen erfüllt: (a) $F(0) = 0$; (b) $F(1) = 1$; (c) F ist schwach monoton wachsend. Könnte es daher nicht möglich sein, einen bestimmten Typus von Verteilungsfunktionen zu finden, die sich auf diese Weise approximieren lassen? Wenn wir weiter bedenken, daß sich Wahrscheinlichkeitsmaße und Verteilungen eindeutig entsprechen (vgl. Satz (129) von Teil 0), so würde sich dann ergeben, *daß alle Wahrscheinlichkeitsmaße von diesem Typ als geeignete Mischungen von Bernoullischen Wahrscheinlichkeitsmaßen rekonstruierbar sind.*

Selbst wenn diese Frage eine positive Antwort finden sollte, so wird der Leser vermutlich noch nicht erkennen, worauf denn das Ganze hinaus soll. Daß sich alle Wahrscheinlichkeitsmaße von bestimmtem Typ als Mischungen von Bernoullischen Wahrscheinlichkeitsmaßen darstellen lassen, mag ja ein recht interessantes *mathematisches Resultat* sein. Aber was um alles in der Welt, so wird er fragen, hat denn ein derartiges Resultat mit der subjektivistischen Begründung der Wahrscheinlichkeitstheorie zu tun?

Bevor wir auf die überraschende Antwort eingehen, die DE FINETTI auf diese letzte Frage gibt, müssen wir uns einem sehr wichtigen speziellen Problem zuwenden, dem *Problem des Lernens aus der Erfahrung.* Ein ‚vernünftiges' subjektives Wahrscheinlichkeitsmaß muß ja so geartet sein, daß es ein solches Lernen ermöglicht. In einer Vorbetrachtung werden wir uns jetzt davon überzeugen, daß sich in dieser Hinsicht einfache Bernoullische Wahrscheinlichkeitsmaße und Mischungen von solchen *vollkommen anders* verhalten.

1.b Das Problem des Lernens aus der Erfahrung. Eine genauere Analyse dessen, was „vernünftiges Lernen aus der Erfahrung" bedeuten kann, wurde bereits in Teil II, Abschn. 1 gegeben. Dieses Lernen geht so vonstatten, daß wir die zunächst allein verfügbaren absoluten Wahrscheinlichkeiten durch bedingte Wahrscheinlichkeiten ersetzen, in welche die zwischenzeitlich gewonnenen Erfahrungsdaten als Bedingungen eingehen.

Unter diesem Gesichtspunkt ist eine Formulierung von DE FINETTI in [Foresight], S. 154, zu interpretieren, die manche Leser vermutlich unverständlich finden dürften. Sie lautet: "Observation cannot confirm or refute an opinion, which is and cannot be other than an opinion and thus neither true nor false; observation can only give us information which is capable of *influencing* our opinion". Diese Äußerung ist folgendermaßen zu interpretieren: Der Ausdruck "opinion" steht für „Wahrscheinlichkeitsverteilung", wobei dieser letztere Ausdruck natürlich wieder subjektivistisch zu interpretieren ist, nämlich im Sinn von „subjektive Wahrscheinlichkeitsverteilung einer Person". Daß Beobachtungen eine 'opinion' nicht bestätigen oder widerlegen können, da eine solche weder wahr noch falsch ist, heißt: Beobachtungen führen *nicht* dazu, daß die Person, welche diese Beobachtungen machte, *ihr Wahrscheinlichkeitsmaß preisgibt und durch ein anderes ersetzt.* Und mit der Wendung, daß Beobachtungen uns Informationen liefern, die geeignet sind, unsere 'opinion' zu *beeinflussen*, ist gemeint: das Wahrscheinlichkeitsmaß als solches (die 'opinion') wird *festgehalten*, hingegen werden die Beobachtungsresultate *in das Erfahrungsdatum einbezogen*, relativ auf welches die bedingte Wahrscheinlichkeit zu berechnen ist. Sollten vorher überhaupt keine Beobachtungen vorgelegen haben, so handelt es sich um den Übergang von der absoluten zur bedingten Wahrscheinlichkeit. Sollten bereits anderweitige Beobachtungsresultate vorliegen, so liegt der Übergang von einer bedingten Wahrscheinlichkeit zu einer anderen vor, wobei die letztere aus der ersteren dadurch hervorgeht, daß das ursprüngliche Erfahrungsdatum durch das um die neuen Beobachtungsresultate erweiterte ersetzt wird.

Diese Form des ‚Lernens aus der Erfahrung', die in ihrer prinzipiellen Struktur bereits in Teil II analysiert worden ist, soll jetzt in bezug auf die Formen von Bernoullischen Maßen studiert werden.

Wir gehen zunächst auf den **Fall I** des vorigen Abschnittes zurück. Das zu wählende subjektive Wahrscheinlichkeitsmaß P war dort mit dem bekannten objektiven Bernoullischen Wahrscheinlichkeitsmaß $P_{0,7}$ identisch. Nehmen wir nun an, daß die Münze n-mal geworfen worden sei und daß dabei k Erfolge (Kopfwürfe) erzielt wurden, d. h. daß das Ereignis $A_{n,k}$ stattgefunden habe. E sei ein Ereignis, ‚das nichts über diese ersten n Beobachtungsresultate aussagt', d. h. genauer: welches bezüglich des Maßes $P_{0,7}$ *unabhängig* ist von $A_{n,k}$. E kann z. B. eine Aussage über das Ereignis des nächsten, also des $(n+1)$-ten Münzwurfes, enthalten. Die Berücksichtigung des Beobachtungsresultates $A_{n,k}$ stellt uns somit vor die Aufgabe, den Wert der bedingten Wahrscheinlichkeit $P(E \mid A_{n,k})$ auszurechnen. (Der Leser beachte, daß das Erfahrungsdatum $A_{n,k}$ lautet und nicht etwa $B_{n,k}$; denn die beobachteten Wurfergebnisse liegen ja *in einer ganz bestimmten Reihenfolge* vor.) Wir erhalten:

$$P(E \mid A_{n,k}) = P_{0,7}(E \mid A_{n,k}) \quad \text{(gemäß der Rationalitätsvorschrift für die Wahl von } P\text{)}$$

$$(5) \qquad = \frac{P_{0,7}(E \cap A_{n,k})}{P_{0,7}(A_{n,k})} \quad \text{(Definition der bedingten Wahrscheinlichkeit)}$$

$$= \frac{P_{0,7}(E) \cdot P_{0,7}(A_{n,k})}{P_{0,7}(A_{n,k})} \quad \text{(wegen der vorausgesetzten Unabhängigkeit von } E \text{ und } A_{n,k}\text{)}$$

$$= P_{0,7}(E) \quad \text{(Kürzung)}$$

$$= P(E) \quad \text{(Rationalitätsvorschrift für die Wahl vor } P\text{)}$$

Was ist hier passiert? Nun: Wir sind zu dem Ergebnis gelangt, *daß man unter der Voraussetzung des* **Falles I** *überhaupt nichts aus der Erfahrung lernen kann.* Zeigt dieses Resultat im Nachhinein, daß die Wahl von P doch unvernünftig war? Keineswegs. Um dies klar einzusehen, müssen wir uns an die genaue Voraussetzung dieses Falles zurückerinnern. Und diese lautete ja: *Wir kennen genau die wahre statistische Wahrscheinlichkeit, mit dieser Münze Kopf zu werfen.* Wenn wir diese wissen, so wäre es in der Tat unvernünftig, sich durch irgendwelche Erfahrungen davon abbringen zu lassen; denn wie kann die Erfahrung zu etwas im Widerspruch stehen, dessen Richtigkeit man bereits eingesehen hat?

Der intuitive Eindruck einer Paradoxie — nämlich daß sich eine zunächst als rational ausgezeichnete Wahl von P nachträglich doch wieder als unvernünftig herausstellt — entsteht allein dadurch, *daß wir von einer stark fiktiven Voraussetzung ausgingen*, nämlich daß uns die ‚wahre' statistische Wahrscheinlichkeit genau bekannt ist. Diese Situation ist, um wieder in einem Bild zu sprechen, zwar für einen allwissenden Geist gegeben, niemals jedoch für uns Menschen. Für jenen Geist wäre es tatsächlich unvernünftig, sich durch Beobachtungen beeinflussen, d. h. *beirren* zu lassen: Wenn er *genau weiß*, daß $P_{0,7}$ für *Kopf* das wahre Wahrscheinlichkeitsmaß darstellt, so kann er, wenn mit dieser Münze 100mal hintereinander Schrift geworfen wird, nicht sagen, er habe sich geirrt, vielmehr muß er feststellen, daß sich hier etwas ungeheuer Unwahrscheinliches ereignet habe.

Gehen wir nun zu dem ‚realistischeren' **Fall II** über, in welchem wir die objektive Wahrscheinlichkeit nicht genau kennen. Die empirischen Voraussetzungen seien wieder genau dieselben wie im vorigen Fall: $A_{n,k}$ wurde beobachtet und ein davon unabhängiges Ereignis E (z. B. das Ergebnis des nächsten Münzwurfes) soll probabilistisch beurteilt werden. Wir erinnern uns daran, daß das Rationalitätskriterium diesmal verlangte, *die spezielle gemischt-Bernoullische Verteilung* der Form (2) zu wählen. Wenn wir diesmal von der in (2) verwendeten absoluten Wahrscheinlichkeit zur bedingten Wahrscheinlichkeit $P(\cdot \mid A_{n,k})$ übergehen, so erhalten wir:

$$P(E \mid A_{n,k}) = \frac{P(E \cap A_{n,k})}{P(A_{n,k})} \quad \text{(Definition)}$$

$$(6) \qquad = \frac{1}{P(A_{n,k})} [0{,}4 \cdot P_{0,7}(E \cap A_{n,k}) + 0{,}6 \cdot P_{0,2}(E \cap A_{n,k})]$$

(Rationalitätsvorschrift und Einsetzung in Formel (2))

$$= 0{,}4 \cdot \frac{P_{0,7}(A_{n,k})}{P(A_{n,k})} P_{0,7}(E) + 0.6 \cdot \frac{P_{0,2}(A_{n,k})}{P(A_{n,k})} P_{0,2}(E)$$

(Umschreibung unter Benützung der Unabhängigkeit von E und $A_{n,k}$).

Durch einen Vergleich mit (2) erkennen wir mit einem Blick, daß zum Unterschied von (4), wo wir die die Unempfindlichkeit des Wahrscheinlichkeitsmaßes gegenüber gemachten Erfahrungen ausdrückende Gleichung $P(E \mid A_{n,k}) = P(E)$ erhielten, *die gemachte Erfahrung* $A_{n,k}$ das Ergebnis beeinflußt hat; denn das letzte Glied von (6) ist mit dem letzten Glied von (5) *nicht identisch*.

Nach erfolgter Feststellung, daß die Erfahrung die Wahrscheinlichkeitsbeurteilung *überhaupt* beeinflußt hat, stellen wir die Frage, ob dieser Einfluß der Erfahrung *adäquat* ist. An den beiden Wahrscheinlichkeitsmaßen $P_{0,7}$ und $P_{0,2}$ hat sich nichts geändert. Dies ist wegen der gemachten Voraussetzungen sicherlich vernünftig; denn zur vorausgesetzten Oberhypothese gehörte ja das Wissen darum, daß die statistische Erfolgswahrscheinlichkeit entweder nach $P_{0,7}$ oder nach $P_{0,2}$ zu berechnen ist. Was sich vernünftigerweise ändern sollte, sind also nur die Gewichte. Diese haben sich tatsächlich geändert. Und zwar sind die ursprünglichen Gewichte 0,4 und 0,6 jeweils mit einem Faktor multipliziert worden.

Der Nenner ist in diesen beiden Faktoren derselbe, nämlich $1/P(A_{n,k})$. Dieser Faktor hat keine wissenschaftstheoretische Bedeutung. Er dient nur der Normierung (d. h. nur durch diesen Faktor wird erreicht, daß auch der neue Wert wieder eine *Wahrscheinlichkeit* ist). Somit bleiben als wirklich relevant nur die beiden Teilfaktoren $P_{0,7}(A_{n,k})$ sowie $P_{0,2}(A_{n,k})$ übrig. Wenn wir bedenken, daß $A_{n,k}$ nicht bloß ein *mögliches*, sondern ein *faktisch erzieltes* Beobachtungsresultat darstellt, so erkennen wir, daß es sich hierbei um die *Likelihoods* der beiden Verteilungen $P_{0,7}$ und $P_{0,2}$ *in bezug auf dieses Erfahrungsdatum* $A_{n,k}$ handelt. *Die Gewichte* der als gemischte Bernoulli-Verteilung angeschriebenen bedingten Verteilung $P(\cdot \mid A_{n,k})$ sind also *proportional zu dem Produkt der Gewichte der absoluten Verteilung* $P(\cdot)$, *multipliziert mit den Likelihoods dieser Verteilung bezüglich des Erfahrungsdatums* $A_{n,k}$. Dies entspricht genau dem, was wir in Teil III, Abschn. 6.e auf Grund einer Analyse des Theorems von Bayes gewannen und in der Merkregel festhielten, wonach die Aposteriori-Wahrscheinlichkeit stets der Apriori-Wahrscheinlichkeit, multipliziert mit der Likelihood, proportional ist! Das Resultat ist somit tatsächlich adäquat.

Wir halten den Unterschied ausdrücklich fest:

(7) *Einfache Bernoullische Wahrscheinlichkeitsmaße sind erfahrungsunempfindlichlich, d. h. sie gestatten überhaupt kein Lernen aus der Erfahrung. Gemischt-Bernoullische Verteilungen hingegen gestatten ein vernünftiges Lernen aus der Erfahrung.*

Wir haben die Untersuchung darüber, wie gemischt-Bernoullische Verteilungen, zum Unterschied von gewöhnlichen Bernoulli-Verteilungen, ein Lernen aus der Erfahrung möglich machen, nur für den Fall der Mischung von *zwei* solchen Verteilungen im Detail durchgeführt. Das Ergebnis gilt natürlich auch für den allgemeineren endlichen Fall, für den man statt auf die Formel (2) auf die Formel (3) zurückzugreifen hat.

1.c Die Bedeutung des Begriffs der Vertauschbarkeit. Gehen wir für den Augenblick wieder zu den Grenzverteilungsfunktionen zurück, welche den Wahrscheinlichkeitsmaßen entsprechen! Die dem gemischt-Bernoullischen P von (3) korrespondierende gemischt-Bernoullische Grenzverteilungsfunktion ψ^m war eine Mischung von m Bernoullischen Grenzverteilungsfunktionen ϕ_{ϑ_i}, wobei jedes ϕ_{ϑ_i} von (4) genau dem Bernoullischen Maß P_{ϑ_i} von (3) entsprach und wobei die korrespondierenden Gewichte miteinander identisch waren. Angenommen, wir lassen das m von (3) bzw. von (4) größer und größer werden und schließlich gegen ∞ gehen. Dann können wir zwar das Braithwaitesche Urnenbeispiel nicht mehr konstruieren oder zumindest nicht mehr wörtlich nehmen; denn wir können nicht unendlich viele Urnen aufstellen. Doch soll uns das nicht davon abhalten, diesen Prozeß zu verfolgen, denn die Urnenbeispiele waren ja nichts weiter als anschauliche Hilfsmittel, die wir den Münzbeispielen zuordneten, um eine Klarheit über die in den letzteren vorkommenden Begriffe der Hypothesenwahrscheinlichkeit zu erhalten (oder, wie man auch sagen könnte: um uns von diesen Begriffen zu befreien). Dann gewinnen wir ‚beliebige' Mischungen von Bernoulli-Verteilungen P_ϑ mit $0 \leqq \vartheta \leqq 1$ bzw. ‚beliebige' Mischungen der Bernoullischen Grenzverteilungsfunktionen. (Der Ausdruck „beliebig" wurde eben unter ein metaphorisches Anführungszeichen gesetzt, da hierin eine Vagheit steckt, die erst im Verlauf der maßtheoretischen Präzisierung beseitigt werden kann.)

Um die Wichtigkeit der de Finettischen Entdeckung, die sogleich geschildert werden soll, verständlicher zu machen, führen wir für den Augenblick den Begriff des *Semi-Subjektivisten* ein. Darunter verstehen wir einen Menschen, der im Grunde methodisch genauso vorgeht wie dies in den vorangehenden Betrachtungen geschildert worden ist: Er ist Subjektivist *in dem Sinn*, daß er für jede Situation eine ihr entsprechende geeignete subjektive Wahrscheinlichkeitsbewertung sucht. Er ist aber ‚nur mit halbem Herzen' Subjektivist, insofern nämlich, als er nicht davor zurückschreckt, bei dieser Suche auf die beiden Grundbegriffe der objektivistischen Theorie zurückzugreifen: die Begriffe der (unbekannten) *statistischen Wahrscheinlichkeit* und der *Unabhängigkeit* von Ereignissen, und auch nicht davor, den statistischen Hypothesen eine *Hypothesenwahrscheinlichkeit* (ein Gewicht) zuzuordnen. Nach dem, was für den diskreten Fall ausführlich bewiesen worden ist und was sich gemäß den Andeutungen des vorigen Absatzes auch im nichtdiskreten Fall realisieren läßt, wissen wir, daß der Semi-Subjektivist sein Ziel immer erreichen wird: *Welche statistischen Wahrscheinlichkeiten auch immer er als möglich in Betracht ziehen wird und wie die den einzelnen statistischen Hypothesen zugeordneten Hypothesenwahrscheinlichkeiten auch immer lauten mögen, er wird stets eine der Situation entsprechende subjektive Wahrscheinlichkeitsbewertung finden.* Er hat nichts anderes zu tun als das, was für den primitivsten Fall durch die Gl. (2) illustriert worden ist: nämlich zunächst die geeigneten Mischungen der möglichen objektiven Wahrscheinlichkeiten zu bestimmen (rechte Seite) und dann zu dem dadurch festgelegten Wahrscheinlichkeitsmaß als dem für diese Situation geeigneten Maß überzugehen (linke Seite).

Dem ‚reinen Subjektivisten' ist mit diesem Resultat natürlich noch nicht geholfen. Er kann ja nicht wie der Semi-Subjektivist eine Anleihe beim Begriffsapparat der Objektivisten machen, da darin die beiden ‚nebulosen und unexakten' Begriffe der *Unabhängigkeit* von Ereignissen und der *unbekannten Wahrscheinlichkeit* vorkommen. Wir müssen uns wieder an den Ausgangspunkt zurückerinnern: Die Übernahme der objektivistischen Sprechweise war nur ein methodisches ‚als ob'. Jetzt gilt es, sich davon wieder zu befreien. Der *reine Subjektivist* schlägt, zum Unterschied vom Semi-Subjektivisten, nicht den ‚Produktionsumweg' über statistische Wahrscheinlichkeitshypothesen und deren Hypothesenwahrscheinlichkeiten ein; er beginnt unmittelbar mit subjektiven Wahrscheinlichkeitsbewertungen von Ereignissen. Er muß nur zeigen können, inwiefern er *dasselbe zu leisten* vermag, was der Objektivist mit seinen Begriffen allein glaubt leisten zu können.

Die Entdeckung de Finettis kann man unter Benützung der obigen Terminologie bildhaft so ausdrücken: *Er gibt ein Verfahren dafür an, wie der Semi-Subjektivist sich in den reinen Subjektivisten verwandeln kann.* Der Kardinalbegriff, mit welchem er dabei operiert, ist der Begriff der *Vertauschbarkeit von Ereignissen bezüglich eines Wahrscheinlichkeitsmaßes P*. Dies ist nämlich dasjenige Merkmal, welches eine Klasse von Ereignissen genau dann besitzt, wenn das zugehörige Wahrscheinlichkeitsmaß P eine Mischung von Bernoullischen Wahrscheinlichkeitsmaßen ist, bzw. genau dann, wenn die zugehörige kumulative Grenzverteilungsfunktion eine gemischt-Bernoullische Verteilung ist. Unter Zurückstellung der präzisen Definition, die in Abschn. 2 gegeben wird, läßt sich der Begriff der Vertauschbarkeit folgendermaßen erläutern: Die Ereignisse einer Klasse sind bezüglich eines Wahrscheinlichkeitsmaßes P (miteinander) vertauschbar, wenn der Durchschnitt einer beliebigen Anzahl n von Ereignissen dieser Klasse stets dieselbe Wahrscheinlichkeit p_n hat.

(Daraus ergibt sich insbesondere für $n=1$, daß die Ereignisse dieser Klasse alle dieselbe Wahrscheinlichkeit besitzen.)

Die wichtigsten Vorzüge des Begriffs der Vertauschbarkeit seien knapp angeführt:

1. Wie sich an Beispielen und mittels Analyse zeigen läßt, ist dies ein sehr *natürlicher* Begriff, der außerdem *einen weiten Anwendungsbereich* besitzt. Vor allem hat er infolge seiner größeren Allgemeinheit *weit mehr* Anwendungsmöglichkeiten als der objektivistische Begriff der unabhängigen Ereignisse mit gleichbleibender, aber unbekannter Wahrscheinlichkeit.

2. Wegen der eben geschilderten Äquivalenz, die den eigentlichen Inhalt des Repräsentationstheorems ausmacht, steht dieser Begriff in bezug auf Leistungsfähigkeit dem Begriff der gemischt-Bernoullischen Verteilung nicht nach. Insbesondere läßt sich mit seiner Hilfe *ein adäquater Begriff des Lernens aus der Erfahrung* konstruieren.

3. Zum Unterschied vom Begriff der gemischt-Bernoullischen Verteilung, der auf die für den Subjektivisten unannehmbaren Begriffe der Unabhängigkeit und der unbekannten statistischen Wahrscheinlichkeit zurückgreift, *kann der Begriff der Vertauschbarkeit direkt und ohne jegliche Bezugnahme auf das begriffliche Inventar des Objektivismus eingeführt werden.*

4. Der in 3. hervorgehobene Vorzug ist der für die subjektivistische Grundlegung eigentlich entscheidende. In ihm liegt der weitere Anspruch des Subjektivismus beschlossen, *die objektivistische Sprechweise als eine bloße*

façon de parler in die subjektive Theorie einbeziehen und damit den probabilistischen Objektivismus durch den probabilistischen Subjektivismus absorbieren zu können. Die subjektivistische Philosophie des Als-Ob ist auf den ganzen objektivistischen Begriffsapparat anwendbar.

Eine wichtige terminologische Anmerkung. Der Ausdruck „*vertauschbar*" ist die deutsche Übersetzung des Wortes "*exchangeable*", das sich zur Charakterisierung dieses Merkmals im Englischen eingebürgert hat. SAVAGE verwendet meist den Ausdruck "*symmetry*". In der ursprünglichen französischen Fassung von [Foresight] hatte DE FINETTI von *équivalence* gesprochen. Es scheint mir, daß man *sowohl* den Ausdruck „vertauschbar" *als auch* den Ausdruck „symmetrisch" verwenden sollte, je nachdem, was den Gegenstand der Betrachtung bildet. Wenn man sich, wie wir dies oben getan haben, auf Ereignisse bezieht, ist der Ausdruck „vertauschbar" angemessen (ebenso wie in dem allgemeinerern Fall, wo man sich auf Zufallsfunktionen bezieht). Häufig ist man jedoch genötigt, *Klassen* von vertauschbaren Ereignissen oder *Folgen* von vertauschbaren Zufallsfunktionen ein entsprechendes Merkmal zuzuschreiben. Auch für das fragliche *Wahrscheinlichkeitsmaß* selbst sollte ein entsprechendes Prädikat zur Verfügung stehen. Man könnte zwar beschließen, auch in all diesen Fällen von Vertauschbarkeit zu sprechen. Doch dies wäre erstens irreführend und zweitens sprachwidrig. Irreführend wäre es deshalb, weil im ersten Fall der Ausdruck „vertauschbar" als *zweistelliges* Relationsprädikat benützt wird: „A ist vertauschbar mit B (bezüglich P)". In der zweiten Klasse von Fällen würde derselbe Ausdruck hingegen als *einstelliges* Prädikat benützt. Die letzte Verwendung wäre außerdem deshalb sprachwidrig, weil man doch gegenüber einer Wendung wie „die Klasse K ist vertauschbar" sofort zu fragen geneigt ist: „vertauschbar *womit*?" In allen diesen Fällen bietet sich nun der von SAVAGE geprägte Begriff der *Symmetrie* als natürlichster Ausweg aus der Doppeldeutigkeit an: Wir werden von der Vertauschbarkeit von Ereignissen und Zufallsfunktionen, aber von der Symmetrie von Ereignisklassen, von Folgen von Zufallsfunktionen sowie von Wahrscheinlichkeitsmaßen sprechen.

Es wäre übrigens besser, wenn man im Englischen statt "exchangeable" den suggestiveren Ausdruck "*interchangeable*" verwenden würde[9].

2. Formale Skizze. Übergang zum kontinuierlichen Fall

2.a Vertauschbarkeit und Symmetrie. Da es sich im Folgenden nur um eine *Skizze* des formalen Apparates handelt, sollen die einzelnen Begriffe nur kurz erläutert, aber nicht als formale Definitionen angeschrieben werden.

Für alle folgenden Betrachtungen setzen wir einen σ-additiven Wahrscheinlichkeitsraum $\langle \Omega, \mathfrak{A}, P \rangle$ als gegeben voraus (vgl. Teil 0, Abschnitt 2.c, **D4**). $\mathfrak{E}$ sei eine abzählbare Teilklasse von $\mathfrak{A}$. Diejenigen Ereignisse, welche zugleich Elemente von $\mathfrak{E}$ sind, können also numeriert werden; wir bezeichnen sie durch: $E_1, E_2, \ldots, E_n, \ldots$. $\mathfrak{E}$ werde *symmetrisch bezüglich des Wahrscheinlichkeitsmaßes* P genannt gdw eine Folge von Zahlen $p_1, p_2, \ldots, p_n, \ldots$ existiert, so daß für jeden Durchschnitt von k Elementen

[9] Dagegen könnte ich nicht empfehlen, im Deutschen das Wort „austauschbar" zu verwenden, weil damit zu starke technische und (oder) ökonomische Assoziationen verbunden sind.

$E_{i_1}, E_{i_2}, \ldots, E_{i_k}$ aus $\mathfrak{E}$ gilt: $P(E_{i_1} \cap E_{i_2} \cap \ldots \cap E_{i_k}) = p_k$. Inhaltlich gesprochen soll also der Durchschnitt (die ‚Konjunktion') von k beliebigen Elementen aus $\mathfrak{E}$ stets denselben Wert p_k haben. (In etwas abstrakterer mengentheoretischer Formulierung könnte man diese notwendige und hinreichende Bedingung der Symmetrie auch so formulieren: Für zwei beliebige endliche und *gleichmächtige* Teilmengen $\mathfrak{E}_1$ und $\mathfrak{E}_2$ von $\mathfrak{E}$ muß die Gleichung $P(\bigcap \mathfrak{E}_1) = P(\bigcap \mathfrak{E}_2)$ gelten.) Ist diese Bedingung gegeben, so werden die Elemente von $\mathfrak{E}$, also die Ereignisse E_i, als *vertauschbar bezüglich* P bezeichnet. Eine analoge terminologische Festsetzung soll gelten, wenn E eine *Folge* von Ereignissen darstellt, d. h. die Folge heiße dann symmetrisch und ihre Glieder vertauschbar. So wie $\mathfrak{E}$ *symmetrisch bezüglich* P genannt wird, soll umgekehrt das Wahrscheinlichkeitsmaß P auf $\mathfrak{A}$ als *symmetrisch bezüglich* $\mathfrak{E}$ bezeichnet werden.

Die Vertauschbarkeitsbehauptung besagt also, daß die Elemente von $\mathfrak{E}$ alle gleichwahrscheinlich sind und daß die Realisierung von je k dieser Ereignisse stets dieselbe Wahrscheinlichkeit p_k hat. Wie man leicht erkennt, wird durch die Symmetrie bzw. durch die Vertauschbarkeit ein viel allgemeineres Merkmal ausgedrückt als durch den *Bernoulli-Fall.* Wir benötigen jetzt nämlich eine *unendliche* Folge von Wahrscheinlichkeiten $p_1, p_2, \ldots, p_n, \ldots$, von denen nicht vorausgesetzt wird, daß sie aufeinander zurückführbar sind. Wenn wir es hingegen mit Bernoullischen Ereignisfolge zu tun haben — so daß z. B. das n-te Glied das Ereignis ist, daß der n-te Versuch eines Zufallsexperimentes erfolgreich ist, wobei die Versuchsergebnisse voneinander unabhängig sind und die Wahrscheinlichkeit von Versuch zu Versuch konstant ist —, so ist diese gesamte Zahlenfolge bereits durch das erste Glied festgelegt; denn es gilt dann für jede natürliche Zahl n: $p_n = (p_1)^n$.

Diese letzte Bemerkung zeigt übrigens, wie man innerhalb der subjektivistischen Theorie den Begriff des Bernoullischen Wahrscheinlichkeitsmaßes definieren kann, *ohne* auf den für den Subjektivisten problematischen Begriff der *Unabhängigkeit* zurückgreifen zu müssen: P wird *Bernoullisch bezüglich* $\mathfrak{E}$ genannt gdw P *symmetrisch bezüglich* $\mathfrak{E}$ ist und wenn die eben angeführte Gleichung $p_n = (p_1)^n$ gilt.

Für den Beweis des Repräsentationstheorems benötigt man die Anwendung dieses Begriffsapparates auf Folgen von Zufallsfunktionen. Eine derartige Folge wird *symmetrisch* genannt gdw für jede Zahl k die k-stellige kumulative Verteilungsfunktion für k beliebig herausgegriffene Glieder der Folge dieselbe ist wie für k andere herausgegriffene Glieder der Folge. Auch die dabei benützten kumulativen Verteilungsfunktionen für $k = 1, 2, \ldots$ kann man dann symmetrisch nennen; sie sind übrigens symmetrisch im üblichen Wortsinn, d. h. sie liefern gleiche Werte bei beliebiger Permutation der Argumente. Wiederum ist es zweckmäßig, die *Glieder* einer derartigen Folge, also die Zufallsfunktionen selbst, *vertauschbar* zu nennen. Selbstverständlich sind auch diesmal die Begriffe der Symmetrie und der Vertauschbarkeit auf das Wahrscheinlichkeitsmaß P des vorgegebenen Wahrscheinlichkeitsraumes $\langle \Omega, \mathfrak{A}, P \rangle$ zu relativieren.

2.b Mischungen und Lernen aus der Erfahrung: Der Riemannsche Fall. Der σ-Körper $\mathfrak{A}$ werde erzeugt durch eine abzählbare Klasse $\mathfrak{E}$ von Ereignissen. Für jede reelle Zahl x aus dem abgeschlossenen Einheitsintervall [0,1] sei P_x dasjenige Bernoullische Wahrscheinlichkeitsmaß auf $\mathfrak{A}$ bezüglich $\mathfrak{E}$, für welches gilt: $p_1 = x$. Dies bedeutet also: Für jedes Element $E \in \mathfrak{E}$ gilt: $P(E) = x$, und für jeden Durchschnitt $E_1 \cap E_2 \cap \cdots \cap E_n$ mit $E_i \in \mathfrak{E}$ (für i=1, ... n) gilt: $P(E_1 \cap E_2 \cap \cdots \cap E_n) = x^n$.

Wir führen jetzt ein spezielles Wahrscheinlichkeitsmaß P auf $\mathfrak{A}$ durch die Forderung ein, daß für jedes $E \in \mathfrak{A}$ gelten soll:

$$(8) \qquad P(E) =_{\mathrm{Df}} \int_0^1 P_x(E)\,dx.$$

Hier steht auf der rechten Seite ein gewöhnliches *Riemannsches Integral.* Was wir soeben angeschrieben haben, *ist der einfachste Fall einer Mischung von Bernoullischen Wahrscheinlichkeitsmaßen im kontinuierlichen Fall.* Ein intuitives Verständnis von P gewinnt man durch die Interpretation des Integrals als eines gewogenen Durchschnittes: Unseren Ausgangspunkt bildete die überabzählbare Totalität der Binomialverteilungen mit dem Parameter x (für alle x mit $0 \leqq x \leqq 1$). Ein *neues* Wahrscheinlichkeitsmaß P wurde in der Weise eingeführt, *daß wir aus allen diesen Bernoulli-Maßen ein gewogenes Mittel bildeten.* Die Verwendung des *Riemannschen* Integrals läuft darauf hinaus, daß für die Bestimmung der Gewichte nur das Lebesguesche Maß verwendet wird, und dies wiederum bedeutet anschaulich: die Wahrscheinlichkeit, daß das Bernoulli-Maß in einem Teilintervall des Einheitsintervalls liegt, ist gleich der Wahrscheinlichkeit, daß es in einem anderen Teilintervall des Einheitsintervalls *von gleicher Länge* liegt.

Es sei etwa E ein Ereignis von spezieller Art, nämlich ein Durchschnitt von n verschiedenen Ereignissen aus $\mathfrak{E}$. Nach der eben nochmals erwähnten Regel für Bernoulli-Wahrscheinlichkeiten gilt dann: $P_x(E) = x^n$. Durch Einsetzung in (8) und Ausführung der einfachen Integration erhalten wir:

$$(8a) \qquad P(E) = \int_0^1 x^n\,dx = \left[\frac{x^{n+1}}{n+1}\right]_0^1 = \frac{1}{n+1}.$$

Auch diesmal läßt sich zeigen, daß das neue Wahrscheinlichkeitsmaß P hinsichtlich des Problems des Lernens aus der Erfahrung ein ganz anderes Verhalten an den Tag legt als die Bernoulli-Wahrscheinlichkeiten P_x. Wir wollen uns auch davon ein deutliches Bild machen.

So wie früher bedienen wir uns für die Anwendung von (8) zunächst einer objektivistischen Sprechweise: Wir gehen davon aus, eine Person sei davon überzeugt, daß die verschiedenen Würfe mit einer vorgegebenen

Münze voneinander *unabhängig* sind, doch daß ihr die Erfolgswahrscheinlichkeit *vollkommen unbekannt* ist. Als Oberhypothese nehme sie lediglich an, daß diese unbekannte Wahrscheinlichkeit von Wurf zu Wurf *konstant* bleibt. Zum Unterschied von den in Abschnitt 1.a betrachteten Fällen, wo unsere Person nur zwei mögliche objektive Wahrscheinlichkeiten (Formel (2)) oder endlich viele mögliche objektive Wahrscheinlichkeiten (Formel (3)) in Erwägung zieht, soll sie diesmal — und dies ist die den früheren gegenüber realistischere Annahme — *alle* reellen Zahlen zwischen 0 und 1 *als mögliche Kandidaten für die wahre objektive Wahrscheinlichkeit* zulassen. Wenn sie keinen Grund dafür zu erkennen vermag, irgendwelchen dieser möglichen Wahrscheinlichkeiten einen Vorzug zu geben, so wird sie das durch (8) bestimmte Wahrscheinlichkeitsmaß *als ihr subjektives Wahrscheinlichkeitsmaß* wählen. Die Regel für die vernünftige Wahl einer subjektiven Wahrscheinlichkeitsbewertung, welche sie dabei befolgt, ist genau dieselbe wie früher: Es ist eine Mischung aus Bernoulli-Verteilungen P_x — für alle x mit $0 \leqq x \leqq 1$ — zu wählen, wobei die Gewichte die zugehörigen Hypothesenwahrscheinlichkeiten ausdrücken. Daß die Person keinen Grund sieht, gewisse Bernoulli-Verteilungen anderen vorzuziehen, findet ihren Niederschlag in der Wahl des Riemannschen Integrals.

Man könnte sagen, daß unsere Person in dieser Hinsicht an das *Indifferenzprinzip* appelliert. Es ist aber nicht zu übersehen, daß dieser Appell ein sozusagen ‚instinktiver' ist, insofern nämlich, als das Indifferenzprinzip ja nur über den Motivationszusammenhang, der zur Wahl gerade des Riemannschen Integrals führt, in die ganzen Überlegungen Eingang findet.

Wenn wir davon ausgehen, daß eine potentiell unendliche Folge von Würfen gemacht werden kann, bilden wir zunächst in der folgenden Weise einen meßbaren Raum $\langle \Omega, \mathfrak{A} \rangle$: Ω sei die Menge aller unendlichen Folgen ω, d. h. die Menge aller Funktionen ω mit $D_{\mathrm{I}}(\omega) = \mathbb{N}$, so daß $D_{\mathrm{II}}(\omega) = \{0,1\}$. Dabei identifizieren wir $\omega(n)$, also den Wert der Funktion für das Argument n, mit dem n-ten Glied der Folge. Die Zahl 1 steht für *Kopf* und die Zahl 0 steht für *Schrift*. Wenn G_n das durch die folgende Aussage beschriebene Ereignis bedeutet: „der n-te Wurf ist ein Kopfwurf", so ist G_n zu definieren durch: $G_n =_{\mathrm{Df}} \{\omega \mid \omega(n) = 1\}$. $\mathfrak{E}$ sei die Klasse aller dieser Mengen, d. h. $\mathfrak{E} =_{\mathrm{Df}} \{G_i \mid i \in \mathbb{N}\}$. Wir wählen diese Klasse als Erzeuger unseres σ-Körpers $\mathfrak{A}$, d. h. es soll gelten: $\mathfrak{A} = \mathfrak{A}(\mathfrak{E})$.

Zum Zwecke der Kontrastbildung stellen wir jetzt zwei Falltypen einander gegenüber. Im ersten Typ betrachten wir die (überabzählbar vielen) Wahrscheinlichkeitsmaße P_x auf $\mathfrak{A}$, so daß $x = p_1 =$ der Parameter der Bernoulli-Verteilung für die Elemente aus $\mathfrak{E}$. Wir erhalten so die (überabzählbar vielen) Wahrscheinlichkeitsräume $\langle \Omega, \mathfrak{A}, P_x \rangle$. Der zweite Falltyp wird durch eine einzige Wahl eines Wahrscheinlichkeitsmaßes repräsentiert, nämlich durch die Wahl von P gemäß (8). In diesem zweiten Fall erhalten wir nur den einzigen Wahrscheinlichkeitsraum $\langle \Omega, \mathfrak{A}, P \rangle$. Es gelten die folgenden beiden Aussagen:

(a) *Keines der Wahrscheinlichkeitsmaße P_x gestattet ein Lernen aus der Erfahrung: die gemachten Erfahrungen finden keinen Eingang in die künftigen Wahrscheinlichkeitsbewertungen, d. h. bisherige Beobachtungsdaten bleiben vollkommen unbeachtet.*

Beweis: Die *bedingte Bernoulli-Wahrscheinlichkeit* dafür, daß das $(n + 1)$-te Glied der Folge (= $(n + 1)$-te Wurf) ein Kopfwurf ist, *unter der Voraussetzung, daß die vorangehenden Würfe ausnahmslos Kopfwürfe waren,* wird in der obigen Symbolik durch $P_x(G_{n+1} \mid G_1 \cap \ldots \cap G_n)$ ausgedrückt. Aus der Definition der bedingten Wahrscheinlichkeit sowie der Regel für die Berechnung von Bernoulli-Wahrscheinlichkeiten folgt:

$$P_x(G_{n+1} \mid G_1 \cap \ldots \cap G_n) = \frac{P_x(G_{n+1} \cap G_n \cap \cdots \cap G_1)}{P_x(G_n \cap \cdots \cap G_1)}$$

$$= \frac{x^{n+1}}{x^n} = x = P_x(G_{n+1}) \, .$$

Der Vergleich des ersten Gliedes mit dem letzten Glied zeigt, *daß die Erfahrung vollkommen ‚ignoriert' wird:* Die ‚Aposteriori-Wahrscheinlichkeit', die sich auf bereits vorliegende n positive Resultate stützt, ist mit der ‚Apriori-Wahrscheinlichkeit', bei deren Berechnung überhaupt kein positives Datum verfügbar ist, identisch.

Die Behauptung gilt selbst für den Fall, daß die positiven Beobachtungsresultate jede endliche Schranke überschreiten, d. h. bei Anwendung der Operation $\lim\limits_{n \to \infty}$; denn es ist:

$$\lim_{n \to \infty} \frac{x^{n+1}}{x^n} = x .$$

(b) *Das subjektive Wahrscheinlichkeitsmaß, welches als die Mischung* (8) *aller Bernoullischen Wahrscheinlichkeitsmaße P_x mit $0 \leqq x \leqq 1$ definiert ist, gestattet demgegenüber ein vernünftiges Lernen aus der Erfahrung.*

Beweis: Unter Benützung der Formel (8a) erhalten wir:

$$\lim_{n \to \infty} P(G_{n+1} \mid G_1 \cap \ldots \cap G_n) = \lim_{n \to \infty} \frac{P(G_{n+1} \cap G_n \cap \cdots \cap G_1)}{P(G_n \cap \cdots \cap G_1)}$$

$$= \lim_{n \to \infty} \frac{\frac{1}{n+2}}{\frac{1}{n+1}} = \lim_{n \to \infty} \frac{n+1}{n+2} = \frac{1 + \frac{1}{n}}{1 + \frac{2}{n}} = 1 \, .$$

Dies steht vortrefflich mit unserer Intuition im Einklang: *Je länger die Folgen sind, welche Beobachtungsreihen von ausschließlichen Kopfwürfen repräsentieren, desto größer wird die Wahrscheinlichkeit, daß auch der nächste Wurf ein Wurf mit dem Resultat Kopf sein wird.*

Anmerkung. Wir haben hier nur sehr spezielle Fälle des ‚Lernens aus der Erfahrung' betrachtet, nämlich jene Fälle, in denen sämtliche bisherigen Beobachtungen in *Erfolgsmeldungen* bestanden. Der durch den Unterschied zwischen (a) und (b) exemplifizierte Gegensatz zwischen Bernoullischen Maßen und Mischungen von solchen gilt selbstverständlich auch in dem allgemeineren Fall, wo *nicht alle* bisherigen Resultate von genau derselben Art waren.

2.c Mischungen im abstrakten maßtheoretischen Fall. Das Repräsentationstheorem. Unter Verallgemeinerung des vorigen Falles verstehen wir diesmal unter einer *Mischung von Wahrscheinlichkeitsmaßen* ein *Wahrscheinlichkeitsintegral dieser Wahrscheinlichkeitsmaße.* (Gelegentlich wird in der Literatur auch von *konvexen linearen Kombinationen von Wahrscheinlichkeitsmaßen* gesprochen.) Unser erstes Ziel besteht darin, nachzuweisen, daß Mischungen von Wahrscheinlichkeitsmaßen, die für ein und denselben σ-Körper $\mathfrak{A}$ definiert sind, wieder Wahrscheinlichkeitsmaße auf diesem σ-Körper $\mathfrak{A}$ liefern.

Gegeben sei ein *meßbarer* Raum $\langle\Omega, \mathfrak{A}\rangle$. Wir betrachten *sämtliche möglichen* Erweiterungen dieses meßbaren Raumes zu einem Wahrscheinlichkeitsraum $\langle\Omega, \mathfrak{A}, P\rangle$ durch Hinzufügung von Wahrscheinlichkeitsmaßen P, die auf $\mathfrak{A}$ definiert sind. Ω' sei eine Gesamtheit derartiger Wahrscheinlichkeitsmaße, die von Fall zu Fall spezifiziert wird. Die Wahl dieses Symbols „Ω'" erfolgt wegen des sogleich realisierten Hintergedankens, *die Totalität solcher auf $\mathfrak{A}$ definierten Wahrscheinlichkeitsmaße P als neuen Stichprobenraum zu wählen, dessen ‚Punkte' diese Wahrscheinlichkeitsmaße P sind.*

Zur Konstruktion eines geeigneten σ-Körpers über Ω' betrachten wir für *beliebiges* $E \in \mathfrak{A}$ und *beliebiges* $x \in \mathbb{R}$ die folgende Teilmenge von Ω':

$$\{P \mid P(E) \leqq x\}$$

(dadurch gewinnen wir eine Klasse von Teilmengen von Ω', weil ja die Wahrscheinlichkeitsmaße P Elemente von Ω' sind, d. h. weil gilt: $P \in \Omega'$.)

Für *jedes* Paar E, x mit $E \in \mathfrak{A}$ und $x \in \mathbb{R}$ ist eine solche Menge festgelegt. Wir beschließen nun, *die Klasse $\mathfrak{E}'$ aller dieser Mengen als Erzeuger des gesuchten σ-Körpers über Ω' zu wählen.* Unser neuer σ-Körper sei also durch

$$\mathfrak{A}' = \mathfrak{A}'(\mathfrak{E}')$$

definiert. Damit haben wir einen neuen meßbaren Raum $\langle\Omega', \mathfrak{A}'\rangle$ gewonnen. (Man beachte, in welcher Weise dieser neue Raum zu relativieren ist: in die Konstruktion von Ω' sowie in die von $\mathfrak{A}'$ ging $\mathfrak{A}$ als Bestandteil ein; für die Bildung von $\mathfrak{A}'$ mußte außerdem die Menge der reellen Zahlen $\mathbb{R}$ benützt werden; und die Elemente von Ω' sind diejenigen Wahrscheinlichkeitsmaße, die zur Erweiterung des ursprünglichen meßbaren Raumes $\langle\Omega, \mathfrak{A}\rangle$ zu Wahrscheinlichkeitsräumen benützt wurden.)

Wir definieren weiter für *jedes* $E \in \mathfrak{A}$ eine Punktfunktion auf Ω' — also eine Funktion, die wir im Fall der $\mathfrak{A}'$-Meßbarkeit eine Zufallsfunktion auf Ω' nennen würden — durch die folgende Bestimmung:

$$f_E(P) =_{\mathrm{Df}} P(E)$$

Hier scheint nur ein Unterschied in der Schreibweise vorzuliegen. Doch die Einführung des neuen Symbols ist zweckmäßig: Bei „$P\ (E)$" deutet man unwillkürlich P als feste Mengenfunktion und „E" als Variable, die alle Elemente von $\mathfrak{A}$ durchläuft. In „$f_E(P)$" hingegen deutet man „E" als Konstante und „P" als Variable, die über alle Punkte (Wahrscheinlichkeitsmaße) von Ω' läuft. Das letztere ist genau intendiert.

Man überzeugt sich sofort, daß f_E tatsächlich für jedes $E \in \mathfrak{A}$ eine Zufallsfunktion auf Ω', d. h. also $\mathfrak{A}'$-meßbar ist. Zum Nachweis der $\mathfrak{A}'$-Meßbarkeit genügt es ja zu zeigen, daß $\{P \mid f_E(P) \leqq x\} \in \mathfrak{A}'$ (vgl. Teil 0, (111)). Diese Aussage ist aber trivial richtig; denn nach Definition von „f_E" ist der Ausdruck in der geschlungenen Klammer dasselbe wie $\{P \mid P(E) \leqq x\}$ und dies ist ja nach der Konstruktion von $\mathfrak{A}'$ sogar ein Element des Erzeugers von $\mathfrak{A}'$!

Der neue meßbare Raum $\langle \Omega', \mathfrak{A}' \rangle$ werde jetzt *durch Hinzufügung eines Wahrscheinlichkeitsmaßes P' auf* $\mathfrak{A}$ zu einem Wahrscheinlichkeitsraum $\langle \Omega', \mathfrak{A}', P' \rangle$ ergänzt. Dieses neue Wahrscheinlichkeitsmaß wird die Aufgabe haben, in Analogie zum Vorgehen im diskreten Fall die *Wägungen* der möglichen ‚*objektiven Wahrscheinlichkeiten*' P vorzunehmen. Genauer wäre das Vorgehen folgendermaßen zu beschreiben: Für ein festes $E \in \mathfrak{A}$ liefert die Zufallsfunktion f_E für *jedes mögliche ‚objektive Wahrscheinlichkeitsmaß'* P (= Element von Ω') den Wahrscheinlichkeitswert $P(E)$. Die durch P' festgelegte Verteilung von f_E liefert für vorgegebene reelle Zahlen x die ‚Hypothesenwahrscheinlichkeit' (genauer: die ‚Hypothesenwahrscheinlichkeitsdichte') dafür, daß $f_E(P) \leqq x$.

Das eben Gesagte ist, vom subjektivistischen Standpunkt aus betrachtet, natürlich wieder nur eine Als-Ob-Konstruktion: Wir haben auf die objektivistische Sprechweise zurückgegriffen und müssen uns von dieser wieder befreien. Dies geschieht abermals in Analogie zu den Fällen (2), (3) und (8). Der jetzige Fall unterscheidet sich von diesen früheren nur durch seine viel größere Allgemeinheit.

Allerdings muß man sich noch davon überzeugen, daß die Bildung des ‚allgemeinen gewogenen Durchschnittes' in Gestalt eines Integrals auch wirklich zulässig ist. Dies ergibt sich aber sofort aus der eben bewiesenen $\mathfrak{A}'$-Meßbarkeit der nichtnegativen Funktion f_E sowie dem früheren Resultat (vgl. Teil 0, 10.b), daß man für nichtnegative meßbare Funktionen stets das Integral bilden darf. Wir können somit f_E für *jedes* $E \in \mathfrak{A}$ bezüglich des Maßes P' über ganz Ω' integrieren. Wir definieren auf diese Weise eine neue Funktion Q:

(9) $$Q(E) = \int_{\Omega'} f_E\, dP'$$

Diese ‚Mischung' Q ist eine Mengenfunktion auf $\mathfrak{A}$. Von dieser Mengenfunktion gilt der

Satz 1. *Die Funktion Q von (9) ist ein Wahrscheinlichkeitsmaß auf dem ursprünglichen σ-Körper $\mathfrak{A}$, d. h. Q ist ein normiertes, nichtnegatives und σ-additives Maß auf $\mathfrak{A}$.*

Beweis. (1) *Normierung von Q:* Es ist $f_\Omega(P) = P(\Omega)$ für alle $P \in \Omega'$ (nach Definition von f) $= 1$ (da P nach Voraussetzung ein Wahrscheinlichkeitsmaß, also normiert ist). Daher ist nach (9) $Q(\Omega) = \int_{\Omega'} 1\, dP' = P'(\Omega') = 1$ (da auch P' als Wahrscheinlichkeitsmaß vorausgesetzt ist).

(2) *Nichtnegativität von Q:* Es sei ein beliebiges $E \in \mathfrak{A}$ gewählt. Nach Definition von f_E ist für jedes $P \in \Omega'$: $f_E(P) = P(E) \geqq 0$. Wegen der Isotonie der Integralfunktion (vgl. Teil 0, (119)) kann auch das Integral nicht negativ sein.

(3) *σ-Additivität von Q:* Es sei $\mathfrak{E}$ eine abzählbare Teilklasse von $\mathfrak{A}$,welche aus disjunkten Mengen besteht.
Es gilt:

$$f_{\bigcup \mathfrak{E}}(P) = P(\bigcup \mathfrak{E}) \quad \text{(nach Definition von } f)$$

$$(a) \qquad = \sum_{E \in \mathfrak{E}} P(E) \quad \text{(infolge der } \sigma\text{-Additivität von } P)$$

$$= \sum_{E \in \mathfrak{E}} f_E(P) \quad \text{(nach Definition von } f)$$

Unter Benützung von (a) gewinnen wir:

$$Q(\bigcup \mathfrak{E}) = \int_{\Omega'} f_{\bigcup \mathfrak{E}}\, dP' \quad \text{(nach Definition (9))}$$

$$= \int_{\Omega'} \left(\sum_{E \in \mathfrak{E}} f_E(P)\right) dP' \quad \text{(Einsetzung nach (a))}$$

$$= \sum_{E \in \mathfrak{E}} \int_{\Omega'} f_E(P)\, dP' \quad \text{(wegen der abzählbaren Linearität des Integrals)}$$

$$= \sum_{E \in \mathfrak{E}} Q(E) \quad \text{(nach Definition (9))}$$

Damit ist der Beweis beendet.

Mit dem Beweis von Satz 1 ist gezeigt worden, *daß Wahrscheinlichkeitsintegrale von Wahrscheinlichkeitsmaßen, die auf einem σ-Körper $\mathfrak{A}$ definiert sind, selbst wiederum Wahrscheinlichkeitsmaße auf demselben σ-Körper $\mathfrak{A}$ darstellen*, auf eine Kurzformel gebracht: *Mischungen von Wahrscheinlichkeitsmaßen sind abermals Wahrscheinlichkeitsmaße.* Zum Zwecke terminologischer Abkürzung sagen wir von den Wahrscheinlichkeitsmaßen P auf $\mathfrak{A}$, daß sie Maße *in der Mischung Q* sind.

Die eine Hälfte des Satzes von DE FINETTI gewinnt man durch Spezialisierung des Satzes 1 auf solche Maße P in der Mischung Q, die bezüglich einer abzählbaren Klasse $\mathfrak{E} \subset \mathfrak{A}$ symmetrisch sind:

Satz 2. *Wenn alle Wahrscheinlichkeitsmaße P auf $\mathfrak{A}$ in der gemäß (9) gebildeten Mischung Q symmetrisch sind in bezug auf eine abzählbare Teilmenge $\mathfrak{E}$ von $\mathfrak{A}$, so ist die Mischung Q selbst symmetrisch in bezug auf $\mathfrak{E}$.*

Beweis. Nach Voraussetzung sind die Elemente von Ω' genau diejenigen Wahrscheinlichkeitsmaße auf $\mathfrak{A}$, welche in bezug auf $\mathfrak{E}$ symmetrisch sind (oder umgekehrt ausgedrückt: Ω' enthält genau die Wahrscheinlichkeitsmaße auf $\mathfrak{A}$, in bezug auf welche $\mathfrak{E}$ symmetrisch ist). Es sei A der Durchschnitt von n Elementen aus $\mathfrak{E}$. Aufgrund von (9) erhalten wir:

$$Q(A) = \int_{\Omega'} f_A \, dP' .$$

Nun sei E ein Durchschnitt von beliebigen *anderen n* Elementen aus $\mathfrak{E}$. Aus der Definition von f sowie der Symmetrievoraussetzung für $\mathfrak{E}$ (= Voraussetzung der Vertauschbarkeit der Elemente von $\mathfrak{E}$) gilt:

$$\begin{aligned} f_A(P) &= P(A) && \text{(Definition von } f\text{)} \\ &= p_n && \text{(wegen der Symmetrie von } \mathfrak{E} \text{ bezüglich } P \text{ sowie der Annahme, daß } A \text{ Durchschnitt von } n \text{ Elementen aus } \mathfrak{E} \text{ ist)} \\ &= P(E) && \text{(aus demselben Grund wie soeben)} \\ &= f_E(P). \end{aligned}$$

Die Integranden sind also identisch und es gilt somit:
$Q(A) = Q(E)$, d. h. Q ist symmetrisch in bezug auf $\mathfrak{E}$.

Da der Bernoulli-Fall ein Spezialfall der Symmetrie ist, gewinnt man als unmittelbare Folge von Satz 2 die Aussage, daß jede Mischung von Bernoullischen Wahrscheinlichkeitsmaßen symmetrisch ist. Genauer gesprochen erhalten wir das Folgende:

Korollar zu Satz 2. *$\mathfrak{A}$ sei ein σ-Körper von Ereignissen über einem Möglichkeitsraum Ω. Dann ist jede Mischung von Wahrscheinlichkeitsmaßen, die auf $\mathfrak{A}$ definiert und in bezug auf eine abzählbare Teilklasse $\mathfrak{E}$ von $\mathfrak{A}$ Bernoullische Wahrscheinlichkeitsmaße sind, ein Wahrscheinlichkeitsmaß auf $\mathfrak{A}$, welches symmetrisch ist in bezug auf $\mathfrak{E}$.*

Die wichtigere und nur mit tiefliegenden maßtheoretischen Methoden zu beweisende Umkehrung dieses Korollars läßt die Verschärfung des „wenn . . . dann — — —" zum „gdw" zu und bildet den eigentlichen Inhalt des

Repräsentationstheorems. *Es sei $\mathfrak{A}$ ein σ-Körper von Ereignissen über einem Möglichkeitsraum Ω, Q ein Wahrscheinlichkeitsmaß auf $\mathfrak{A}$ und $\mathfrak{E}$ eine abzählbare Teilklasse von $\mathfrak{A}$. Ferner sei Ω' die Klasse der Wahrscheinlichkeitsmaße auf $\mathfrak{A}$, die in bezug auf $\mathfrak{E}$ Bernoullische Maße sind; Ω' sei nicht leer. $\mathfrak{E}'$ sei die Klasse aller Mengen $\{P \mid P(E) \leq x\}$ mit $P \in \Omega'$, $E \in \mathfrak{A}$ und $x \in \mathbb{R}$. $\mathfrak{A}'$ sei der von $\mathfrak{E}'$ erzeugte σ-Körper $\mathfrak{A}' = \mathfrak{A}'(\mathfrak{E}')$. Dann gilt:*

Q ist genau dann symmetrisch in bezug auf $\mathfrak{E}$, wenn ein eindeutig bestimmtes Wahrscheinlichkeitsmaß P' auf $\mathfrak{A}'$ existiert, so daß für jedes $E \in \mathfrak{A}$ gilt:

$$Q(E) = \int_{\Omega'} f_E \, dP' \text{ [10]}$$

---

[10] „f_E" hat dieselbe Bedeutung wie in (9). Tatsächlich haben wir diese Formel nochmals explizit angeschrieben, wobei Q, Ω', f_E und P die angegebenen Bedeutungen besitzen.

(kurz: *Q ist genau dann symmetrisch in bezug auf $\mathfrak{E}$, wenn Q eine Mischung der in bezug auf $\mathfrak{E}$ Bernoullischen Wahrscheinlichkeitsmaße ist.*)

Durch die Gleichung werden zwei *Funktionen* mit dem Definitionsbereich $\mathfrak{A}$ miteinander identifiziert. Das variable Argument der Funktion wird im linken Ausdruck in der üblichen Weise durch das in der Klammer stehende „E" bezeichnet, auf der rechten Seite hingegen durch den unteren Index „E" von „f".

Was die mathematische Struktur dieses Theorems betrifft, so sei nochmals darauf hingewiesen, daß Wahrscheinlichkeiten an drei verschiedenen Stellen vorkommen. Q ist das auf $\mathfrak{A}$ definierte *symmetrische Wahrscheinlichkeitsmaß* (die ‚wahre subjektive Wahrscheinlichkeit' nach de Finetti). Die Elemente von Ω' sind die ‚unbekannten objektiven Wahrscheinlichkeiten' (Wahrscheinlichmaße auf $\mathfrak{A}$). Alle diese bezüglich $\mathfrak{E}$ *Bernoullischen Wahrscheinlichkeitsmaße* auf $\mathfrak{A}$ sind in den Zufallsfunktionen f_E enthalten. Die letzteren Funktionen — deren jede ja nach Definition bei gegebenem $E \in \mathfrak{A}$ als Bildbereich die Klasse der Werte $P(E)$ für $P \in \Omega'$, also die Werte der fraglichen Bernoulli-Wahrscheinlichkeiten für das Argument E, liefert — sind *als Zufallsfunktionen auf Ω' konstruiert*. Diese Konstruktion war notwendig, um diese Bernoulli-Wahrscheinlichkeiten selbst probabilistisch beurteilen zu können. *Diese probabilistische Beurteilung erfolgt mittels des Maßes P'*, welches die Verteilung der Zufallsfunktion f_E festlegt, d. h. inhaltlich gesprochen: es legt die Wahrscheinlichkeit fest, daß eine unbekannte Wahrscheinlichkeit einen solchen und solchen Wert annimmt (bzw. in ein solches und solches Intervall hineinfällt). Das Maß P' entspricht also dem, was wir in der intuitiven Vorbetrachtung als Hypothesenwahrscheinlichkeit bezeichneten. Die Bezeichnung rührte daher, daß die objektiven Bernoulli-Wahrscheinlichkeiten den Inhalt statistischer Hypothesen ausmachten, die mittels P' — sozusagen metatheoretisch — nach ihrer Wahrscheinlichkeit beurteilt werden.

Die obige Fassung des Repräsentationstheorems ist, obwohl sie bereits in der Sprache der Maßtheorie abgefaßt ist, noch nicht die allgemeinste Formulierung dieses Theorems. Dafür müßte von dem am Ende von 2.a erwähnten Begriffsapparat Gebrauch gemacht werden. Außer dem meßbaren Raum $\langle \Omega, \mathfrak{A} \rangle$ müßte hier ein Wahrscheinlichkeitsraum $\langle \Delta, \mathfrak{D}, \mathrm{P}^* \rangle$ betrachtet werden, dessen Möglichkeitsraum Δ die Menge aller noch zu spezifizierenden einstelligen Verteilungsfunktionen und $\mathfrak{D}$ ein σ-Körper über Δ ist. Die Wahrscheinlichkeit, daß eine Verteilungsfunktion F aus Δ in einem Element D von $\mathfrak{D}$ liegt, werde durch $P''(D)$ gegeben. F soll dabei die gemeinsame Verteilungsfunktion einer Folge von ($\mathfrak{A}$-meßbaren) Zufallsfunktionen $\mathfrak{x}_1, \mathfrak{x}_2, \ldots, \mathfrak{x}_n, \ldots$ sein, welche in dem Sinn eine Bernoullische Folge darstellt, daß für jedes m und jedes $i_1, \ldots, i_m$ sowie für jedes m-Tupel reeller Zahlen $x_1, \ldots, x_m$ der Wert von $F_{i_1 \ldots i_m}(x_1, x_2, \ldots, x_m)$ identisch ist mit dem Produkt $F(x_1) \cdot \ldots \cdot F(x_m)$. Jedem F entspricht eindeutig ein Wahrscheinlichkeitsmaß P_F auf $\mathfrak{A}$, so daß die Zufallsfunktionen erstens bezüglich

P_F unabhängig sind und zweitens F als gemeinsame Verteilungsfunktion besitzen. Falls man ein Wahrscheinlichkeitsmaß Q^* auf $\mathfrak{A}$ folgendermaßen definiert:

(*) $$Q^*(E) = \int_\Delta P_F(E)\, d\, P'' \text{ für alle } E \in \mathfrak{A},$$

so ist Q^* relativ auf die Folge der Zufallsfunktionen symmetrisch. Hat Ω eine genügend ‚reiche Struktur', so gilt auch die Umkehrung dieser Feststellung — und das ist wiederum der nichttriviale Teil des Repräsentationstheorems: Jedes Wahrscheinlichkeitsmaß auf $\mathfrak{A}$, relativ zu dem die Folge der Zufallsfunktionen $(\mathfrak{x}_n)$ symmetrisch ist, bildet eine Mischung bezüglich eines P'' (im Sinn der rechten Seite von (*)) von Wahrscheinlichkeitsmaßen auf $\mathfrak{A}$, in bezug auf welche diese Zufallsfunktionen unabhängig und identisch verteilt sind.

Dies ist die Fassung, in der das Theorem von Jeffrey in [Probability Measures], S. 218 formuliert und in [Representation Theorem] bewiesen wird.

2.d Diskussion. Der Gegensatz zwischen den Auffassungen der ‚Subjektivisten' und der ‚Objektivisten' wurde bereits in Teil III, 12 geschildert und erörtert. Das Theorem liefert per se zu dieser Diskussion in dem Sinn keinen Beitrag, daß die Frage, ob eine Variante der v. Mises-Reichenbachschen Theorie oder die subjektivistische Theorie oder eine Variante der Propensity-Interpretation zutrifft, unabhängig auf anderer Ebene entschieden werden muß. *Allerdings kann das Theorem zusammen mit dem Prinzip des Lernens aus der Erfahrung dazu beitragen, anfängliche Zweifel an der Leistungsfähigkeit der subjektivistischen Theorie zu beseitigen.*

Man kann das Theorem unter drei Gesichtspunkten betrachten: erstens ‚weltanschauungsfrei' als ein rein mathematisches Ergebnis; zweitens unter Zugrundelegung des subjektivistischen Gesichtspunktes; und drittens auf solche Weise, daß auch die objektiven Wahrscheinlichkeiten und deren probabilistische Beurteilungen inhaltlich ernst genommen und nicht als reine Als-Ob-Konstruktionen abgetan werden.

Die rein mathematische Bedeutung hat Braithwaite durch eine interessante Parallele zu illustrieren versucht[11]: Dem Mathematiker Fourier gelang es, für alle periodischen Funktionen — durch welche z. B. periodische Schwingungen in der Physik beschrieben werden — eine sog. *harmonische Analyse* zu geben, durch welche eine periodische Funktion (Schwingung) als Überlagerung von einfachen harmonischen Funktionen (Schwingungen), etwa von Sinusfunktionen (Sinusschwingungen), gedeutet werden kann. Analog hat de Finetti gezeigt, wie man jene Art von Abhängigkeit zwischen Ereignissen, die ein Lernen aus der Erfahrung gestattet und die sich daher für singuläre Voraussagen auf der Basis bisheriger Beobachtungen eignet, durch Analyse von geeigneten ‚Mischungen' derjenigen Art von Unabhängigkeit zurückführen kann, die ein derartiges Lernen ausschließt.

Was die Beurteilung vom subjektivistischen Gesichtspunkt aus betrifft, so ist alles Wesentliche bereits gesagt worden. Zwei Punkte sind in diesem Zusammenhang wesentlich:

---

[11] "On Unknown Probabilities", S. 9.

(1) Der entscheidende Begriff der Vertauschbarkeit bzw. der Symmetrie drückt ein Merkmal aus, das in der Sprache der Wettquotienten definierbar ist und welches daher für den Subjektivisten einen klaren und eindeutigen Sinn hat. Denn das Wahrscheinlichkeitsmaß, auf welches in der Definition von „vertauschbar" bzw. von „symmetrisch" Bezug genommen wird, kann stets als der maximale Wettquotient interpretiert werden, zu dem eine rationale Person zu wetten bereit ist; die in der Definition verlangte Gleichheit von Wahrscheinlichkeiten ist als Gleichheit von Wettquotienten zu interpretieren. Die linke Seite von (9) wird damit *für sich verständlich*.

(2) Blickt man hingegen auf die rechte Seite von (9), wo die Zufallsfunktionen f_E mit den unbekannten objektiven Wahrscheinlichkeiten als Werten sowie die Wahrscheinlichkeitsverteilung P' (Hypothesenwahrscheinlichkeit) dieser unbekannten objektiven Wahrscheinlichkeit vorkommen, so handelt es sich dabei nach subjektivistischer Ansicht um nichts weiter als um mathematische Fiktionen, deren wirkliche Bedeutung ganz in der Funktion Q auf der linken Seite enthalten ist.

In der Abhandlung [Unknown Probabilities] hat HINTIKKA einige sehr interessante philosophische Betrachtungen über DE FINETTIs Theorem angestellt, die sich dadurch auszeichnen, daß darin einerseits nicht bloß der rein mathematische Ertrag zur Sprache kommt, und daß andererseits die inhaltliche Beurteilung nicht vom Standpunkt eines als gültig vorausgesetzten Subjektivismus (aber auch nicht, wie bei BRAITHWAITE, vom Standpunkt eines als gültig vorausgesetzten Objektivismus) erfolgt. Mit Ausnahme von einer — allerdings sehr wichtigen — These glaube ich den meisten Überlegungen HINTIKKAs zustimmen zu können. Einige Punkte seiner Betrachtungen sollen kurz angeführt werden.

Damit sich der Leser in diesem Aufsatz rascher zurecht findet, seien ein paar Andeutungen über den Zusammenhang zwischen der eben gegebenen Formulierung und dem Symbolismus von HINTIKKA gemacht.

HINTIKKA verwendet zunächst einen dem Carnapschen ähnlichen Formalismus: Gegeben ist ein (endlicher oder unendlicher) Bereich von Individuen sowie eine endliche Anzahl $Ct_1, \ldots, Ct_K$ von Q-Prädikaten, d. h. von schärfsten, nicht logisch inkonsistenten Individuenprädikaten. Es seien keine Relationen bekannt, die zwischen den Individuen bestehen. Verschiedene Individuen können daher wie im Urnenmodell als aus dem Bereich zufällig gezogen betrachtet werden. In der Integralformel bzw. Summenformel dieser Arbeit auf S. 330 entspricht das K-stellige Q unserem einstelligen Q in (9), die Ausdrücke „x_i" auf der rechten Seite entsprechen unseren Zufallsfunktionen f_E, und die Wahrscheinlichkeitsdichte p bzw. die Wahrscheinlichkeitsverteilung p entspricht unserem Maß P'. Die dortige Formel ergibt sich aus dem Fall der Multinomialverteilung (vgl. Teil 0, (53)) unter Weglassung des Bruches am Anfang, da eine Stichprobe von n beliebigen, aber *bestimmten* Individuen betrachtet wird, so daß für jedes i von 1 bis K n_i bestimmte Individuen das Prädikat Ct_i besitzen, wobei gilt:
$\sum_{i=1}^{K} n_i = n$. $Q(n_1, \ldots, n_K)$ ist die ‚subjektive' Wahrscheinlichkeit dafür, daß n_1 Individuen die Eigenschaft $Ct_1, \ldots, n_K$ Individuen die Eigenschaft Ct_K besitzen.

In der Formel für die Bestimmung der Wahrscheinlichkeit wird die Tatsache benützt, daß $\sum x_i = 1$, so daß die Wahrscheinlichkeit x_K ersetzt werden kann durch:

$$\left(1 - \sum_{i=1}^{K-1} x_i\right).$$

Die Wahrscheinlichkeit $q_j(n_1, \ldots, n_K)$ dafür, daß beim $(n + 1)$-ten Versuch ein Individuum von der Eigenschaft Ct_j erhalten wird, sofern sich die $n = \sum n_i$ bisher beobachteten Individuen in der angegebenen Weise auf die K Q-Prädikate verteilen, ist durch die bedingte Wahrscheinlichkeit

$$\frac{Q(n_1, n_2, \ldots, n_{j-1}, n_j + 1, n_{j+1}, \ldots, n_K)}{Q(n_1, n_2, \ldots, n_j, \ldots, n_K)}$$

gegeben. Daß Q symmetrisch ist, drückt sich darin aus, daß Q nur von den Zahlen $n_1, \ldots, n_K$ abhängt, nicht jedoch von der Reihenfolge, in der die n_1 Individuen der Art $Ct_1, \ldots,$ die n_i Individuen der Art $Ct_i, \ldots,$ gezogen worden sind. Die q_i sind dann auch nur von diesen Zahlen abhängig. Doch ist das letztere für die Symmetrie von Q nicht hinreichend; es muß noch die ‚Wegunabhängigkeit' der Bestimmung des Q-Wertes aus den q_j-Werten hinzutreten (vgl. a. a. O. Formel (4) auf S. 331 sowie alle analog gebauten Darstellungen des Q-Wertes). Der Wert von q_j gibt an, mit welchem Betrag unter den genannten Voraussetzungen darauf zu wetten ist, daß das $(n + 1)$-te Individuum das Prädikat Ct_j besitzt.

Wenn wir der Einfachheit halber wieder unsere Formel (9) zugrunde legen und alle drei Kategorien von Wahrscheinlichkeiten auch inhaltlich ernst nehmen, so ergibt sich als wichtigstes Resultat, daß die *subjektive Wahrscheinlichkeit* Q eindeutig das Maß P' bestimmt (und umgekehrt), durch welches die *Hypothesenwahrscheinlichkeiten* (*Glaubwürdigkeitsbewertungen*) der ins Auge gefaßten *statistischen Hypothesen* (*objektiven Wahrscheinlichkeiten*) festgelegt sind. (Die Hypothesenwahrscheinlichkeiten sind das, was Good einmal *Wahrscheinlichkeiten vom Typ II* nannte.)

Hintikka benützt nun die Tatsache, daß man wegen der wechselseitigen Bestimmung von Q und den Funktionen q_i das Maß P' auch zu den q_i in Beziehung setzen kann. Dadurch, daß er einerseits die oben gegebene Definition von q_i verwendet und andererseits das Maß P' (die ‚Glaubwürdigkeitsbewertung') selbst in der Sprache der Wettquotienten deutet, gelangt Hintikka zu der Feststellung, daß man das Wetten auf unbekannte Wahrscheinlichkeiten (oder wie wir auch sagen könnten: auf statistische Hypothesen) als Wetten bezüglich des nächsten Einzelfalles auffassen kann: "... if we know how to bet on whatever *next* individual we can conceivably encounter, we know how to bet on unknown probabilities"[12]. Wir kommen auf diese etwas überraschende Schlußfolgerung weiter unten nochmals zu sprechen.

Um seine von de Finettis Vorstellungen abweichenden Gedanken näher zu erläutern, zeigt Hintikka zunächst, daß der Begriff der *unbekannten* Wahrscheinlichkeiten auch für den Subjektivisten sinnvoll ist: Gegeben seien zwei Würfel, der erste unbeschriftet, der zweite in der üblichen Weise

---

[12] a. a. O. S. 333.

beschriftet. Man beschließe, die Beschriftung des ersten Würfels von den ersten sechs Resultaten von Würfen mit dem zweiten Würfel abhängig zu machen (wenn z. B. genau dreimal eine 4 geworfen wird, werden auf dem ersten Würfel an drei Seiten vier Punkte angebracht). Beide Würfel seien im subjektivistischen Sinn unverfälscht (d. h. in beiden Fällen betrage der maximale Wettquotient für das Auftreten jeder Würfelseite 1/6). Die *unbekannten* Wahrscheinlichkeiten des ersten Würfels sind dann nichts weiter als die *hypothetischen* Wettquotienten, die man verwenden würde, wenn man bereits wüßte, zu welchen Resultaten die Würfe mit dem zweiten Würfel geführt haben. Diese Überlegung kann nach Hintikka verallgemeinert werden: Wenn *objektiv oder subjektiv* gedeutete Wahrscheinlichkeiten (Wahrscheinlichkeiten erster Stufe), zusammen mit einer darauf definierten Wahrscheinlichkeitsverteilung (Wahrscheinlichkeiten zweiter Stufe) vorliegen, so kann man sich dies durch ein Zufallsexperiment veranschaulichen, dessen verschiedene mögliche Resultate die Wahrscheinlichkeiten erster Stufe festlegen, wobei für das Eintreffen der Resultate des Zufallsexperimentes die Wahrscheinlichkeiten zweiter Stufe gelten. *Unbekannte* Wahrscheinlichkeiten werden damit für Hintikka zu *bedingten* Wahrscheinlichkeiten.

An dieser Stelle muß man allerdings auch auf eine Äquivokation im Ausdruck „unbekannte Wahrscheinlichkeit" hinweisen. Was Hintikka durch das Würfelbeispiel gezeigt hat, ist die Tatsache, daß es *unbekannte subjektive Wahrscheinlichkeiten* (im Sinn unbekannter Wettquotienten) geben kann und daß diese sich als bedingte Wahrscheinlichkeiten deuten lassen[13]. Gegen diese Feststellung ist absolut nichts einzuwenden. Problematisch wird die Sache erst, wenn die subjektiv *oder objektiv* interpretierten unbekannten Wahrscheinlichkeiten als bedingte Wahrscheinlichkeiten aufgefaßt werden[14]. Der Objektivist wird dem nicht zustimmen. Bereits im Würfelbeispiel würde er die Situation anders analysieren: Die Voraussetzung, daß die beiden Würfel nicht gefälscht sind, ist für ihn ja nicht in der Sprache der Wettbereitschaft beschreibbar. Vielmehr handelt es sich *um zwei prinzipiell nicht verifizierbare statistische Hypothesen* über die beiden Würfel (je nach der akzeptierten Variante der Häufigkeitstheorie entweder um hypothetische Annahmen über Grenzwerte relativer Häufigkeiten oder über die Propensities dieser Würfel.)

Analog weichen die beiden Deutungen radikal voneinander ab, wenn es darum geht, die ‚konstante, jedoch unbekannte Wahrscheinlichkeit' von *Kopf* und *Schrift* einer gefälschten Münze durch Erfahrung zu ermitteln[15]. Der Subjektivist wendet dabei sein ‚Prinzip des Lernens aus der Erfahrung' an. Dazu muß er ein nicht-Bernoullisches Wahrscheinlichkeitsmaß P benützen. Die sich ändernden Erfahrungsdaten beeinflussen dieses Maß selbst (seine ‚opinion') nicht, sondern gelangen nur als neue und neue Hypothesen X der bedingten Wahrscheinlichkeit $P(\cdot \mid X)$ zur Geltung. Der Objektivist hingegen stellt sukzessive neue und neue statistische Hypothesen zur Diskussion, die er z. B. nach jeder neuen Beobachtung einem Likelihood-Test unterwirft, ohne dabei je zu einer endgültigen Auszeichnung der richtigen Hypothese zu gelangen, ja ohne auch nur irgendeine der ins Auge gefaßten Hypothesen als endgültig verworfen ansehen zu können.

13 Vgl. a. a. O. S. 333 unten sowie die ersten drei Zeilen auf S. 334.

14 So im zweiten Absatz auf S. 334, Zeile 4 bis 11.

15 Vgl. dazu a. a. O. S. 328, erster Absatz.

HINTIKKA glaubt, noch einen Schritt weitergehen *und die gesamte frequentistische Theorie im folgenden Sinn auf die subjektivistische reduzieren zu können: Die objektive Wahrscheinlichkeit* des Ereignisses, daß das nächste Individuum die Eigenschaft Ct_1 haben wird, *ist gleich dem Wettquotienten, den ich benützen würde, wenn mir die relative Häufigkeit der Individuen mit dieser Eigenschaft im ganzen Universum bekannt wäre.* (Tatsächlich stützt sich diese Überlegung auf eine bei DE FINETTI beweisbare Aussage: Wenn in $P(H \mid E)$ P ein symmetrisches Wahrscheinlichkeitsmaß ist, ferner H die eben erwähnte Hypothese über das nächste Individuum bildet und E die Proposition darstellt, daß der Grenzwert der relativen Häufigkeiten von Ct_1-Individuen existiert und gleich r ist, so ist $P(H \mid E) = r$.)

Daß DE FINETTI nicht bereit ist, Wetten auf den Grenzwert einer unendlichen Folge von relativen Häufigkeiten zuzulassen, hat nach HINTIKKA nichts mit dessen Subjektivismus zu tun, sondern beruht nach seinen eigenen Worten auf DE FINETTIs ‚*Positivismus*'. Dieser Positivismus finde hier in der Forderung seinen Niederschlag, daß Wetten aufgrund von Beobachtungen entscheidbar sein müßten, ein unendlich langes Warten auf den Ausgang einer Wette also für unzulässig erklärt werde. Wenn wir ein ‚allwissendes Orakel' hätten, dann könnte selbst ein Positivist dem Wetten auf allgemeine Aussagen einen Sinn geben.

Der Gedanke des Wettens auf statistische Gesetze (unbekannte Wahrscheinlichkeiten) wird später auf den Fall übertragen, in dem unbekannte Wahrscheinlichkeiten überhaupt nicht auftreten: *das Wetten auf strikte Allsätze*[16]. Es ist leicht zu erkennen, daß diese Übertragung statthaft ist, wenn man den ersten Gedanken überhaupt akzeptiert, denn in endlichen Bereichen können strikte Gesetze als statistische Gesetze mit den Werten 0 und 1 aufgefaßt werden; und der Übergang zu unendlichen Bereichen gelingt durch Grenzwertbetrachtungen.

Was das Hauptresultat von DE FINETTIs Untersuchung betrifft, so findet es HINTIKKA irreführend zu behaupten, DE FINETTI habe gezeigt, wie man objektive auf subjektive Wahrscheinlichkeiten zurückführen kann. Vielmehr sei durch seine Resultate ein wichtiger Zusammenhang zwischen subjektiven und objektiven Wahrscheinlichkeiten aufgedeckt worden: Einerseits können danach subjektive Wahrscheinlichkeiten als Approximationen gegen die objektiven relativen Häufigkeiten aufgefaßt werden. Andererseits wird dadurch dem Frequentisten gezeigt, wie er auf objektive Wahrscheinlichkeitsaussagen wetten kann[17].

Nicht erwähnt habe ich die Bemerkungen von BRAITHWAITE und HINTIKKA zu DE FINETTIs Infragestellung des Begriffs der Unabhängigkeit. Beide äußern sich darüber zunächst befremdet[18]. Tatsächlich erscheint DE FINETTIs Kritik prima

[16] HINTIKKA a. a. O. S. 338f.

[17] a. a. O. S. 337.

[18] BRAITHWAITE a. a. O. auf S. 8 HINTIKKA a. a. O. vor allem auf S. 327.

facie als nicht ganz verständlich, da doch auch ein Subjektivist nach Wahl eines Wahrscheinlichkeitsmaßes P zwei Ereignisse E_1 und E_2 genau dann für unabhängig erklären kann, wenn $P(E_1 \cap E_2) = P(E_1) \cdot P(E_2)$.

Es scheint mir, daß die Erklärung hierfür hauptsächlich einen Punkt betrifft, der unmittelbar gar nicht in den gegenwärtigen Kontext gehört, sondern zu DE FINETTIs Kritik an den verschiedenen Varianten einer Theorie der ‚objektiven Wahrscheinlichkeit'. Genauer gesprochen handelt es sich um das, was in Teil III, 1.b die Schwierigkeit (7) der Limestheorie genannt worden ist: Entweder wird unter Unabhängigkeit die stochastische Unabhängigkeit verstanden; dann ist die objektivistische Definition der Wahrscheinlichkeit zirkulär. Oder es wird unter Unabhängigkeit das Fehlen kausaler Beeinflussung verstanden; dann ist dies nach DE FINETTIs Auffassung offenbar eine zu vage und nicht präzisierbare intuitive Vorstellung.

Etwas ganz anderes betrifft die Frage, warum DE FINETTI im Rahmen des Aufbaus seiner Theorie nicht vom Begriff der stochastischen Unabhängigkeit, der doch in der eben angedeuteten Weise definierbar ist, Gebrauch macht. Die Antwort auf diese Frage hat HINTIKKA a. a. O. auf S. 328f. gegeben. In unserer Sprechweise formuliert: Diese Fälle der Unabhängigkeit betreffen ausschließlich Bernoulli-Wahrscheinlichkeiten, somit solche Wahrscheinlichkeiten, die jedes Lernen aus der Erfahrung ausschließen. Das Interesse eines Subjektivisten konzentriert sich dagegen auf solche Wahrscheinlichkeiten, die ein derartiges Lernen ermöglichen. Daher wird z. B. das starke Gesetz der großen Zahlen von DE FINETTI ohne die Unabhängigkeitsannahme, unter alleiniger Zugrundelegung der Annahme der Vertauschbarkeit, bewiesen.

Dieser Beweis kann übrigens dadurch durchsichtiger gemacht werden, daß das starke Gesetz der großen Zahlen für *stationäre* Ereignisfolgen bewiesen wird. Dabei heißt eine Folge $E_1, E_2, \ldots$ von Ereignissen eines σ-Körpers $\mathfrak{A}$ genau dann *stationär* bezüglich eines auf $\mathfrak{A}$ definierten Wahrscheinlichkeitsmaßes P, wenn eine ‚Translationsinvarianz nach rechts' in dem Sinn besteht, daß für alle positiven ganzen Zahlen n und k sowie für alle n-Tupel $i_1, \ldots, i_n$ von verschiedenen positiven ganzen Zahlen gilt:

$$P(E_{i_1} \cap \ldots \cap E_{i_n}) = P(E_{i_1+k} \cap \ldots \cap E_{i_n+k}).$$

Das Resultat überträgt sich dann unmittelbar auf den Fall der Symmetrie; denn eine symmetrische Folge ist ein spezieller Fall einer stationären Folge[19].

Ich möchte abschließend meine Bedenken gegen HINTIKKAs Idee des Wettens auf (statistische oder deterministische) Naturgesetze begründen. HINTIKKAs *Kritik an de* FINETTIs *Positivismus* scheint mit auf einer Voraussetzung zu beruhen, die man HINTIKKAs *Positivismus* nennen könnte.

Doch Wortspiel beiseite! Der Sachverhalt soll ohne Benützung des vagen Ausdruckes „Positivismus" analysiert werden. Ohne Zweifel kann man in DE FINETTIs Überlegungen mehrere voneinander unabhängige gedankliche Voraussetzungen unterscheiden, vor allem drei: (*a*) die Ablehnung des Begriffs der objektiven Wahrscheinlichkeit und die ausschließliche Zulassung des Begriffs der subjektiven Wahrscheinlichkeit; (*b*) die Auffassung, daß alle ‚wirklichen' Wahrscheinlichkeiten, die keine bloßen mathe-

---

[19] Leider wird das Gesetz der großen Zahlen in den Lehrbüchern fast niemals auf diese Weise bewiesen. Für Hinweise vgl. JEFFREY, [Probability Measures], S. 202, und DOOB, *Stochastic Processes*, insbesondere S. 464ff.

matischen Fiktionen darstellen, ‚operational' als Wettquotienten definierbar sind; (*c*) die Forderung, daß alle Aussagen entscheidbar sein müssen. Von (*c*) können wir hier absehen, da dies höchstens im Kontext von DE FINETTIS Kritik am Objektivismus eine Rolle spielt[20].

HINTIKKA hebt, wie wir gesehen haben, noch einen weiteren Punkt hervor: die Forderung DE FINETTIS, daß Wetten auf Grund von endlich vielen Beobachtungen entscheidbar sein müssen. Wenn er diese Forderung als *positivistisch* bezeichnet, so vermutlich deshalb, weil er darin eine Analogie zur positivistischen Verifikationstheorie der Satzbedeutung erblickt. Danach soll, grob gesprochen, eine Aussage nur dann als sinnvoll anerkannt werden, wenn eine Methode zu ihrer Verifikation oder Falsifikation bekannt ist.

Ich vermag hier jedoch keinerlei Analogie zu erblicken. Die eben erwähnte Bedeutungstheorie hat aus verschiedenen Gründen Ablehnung erfahren, vor allem wegen der *unzulässigen Verquickung epistemologischer und semantischer Fragen*. Allerdings: Wenn es TARSKI nicht geglückt wäre, überzeugend darzulegen, daß man auch in solchen Fällen von *wahren* Aussagen sinnvoll sprechen kann, wo eine *Verifikation* ausgeschlossen ist, dann hätte die Verifikationstheorie der Satzbedeutung bis heute eine große Durchschlagskraft behalten.

Im Fall der Wette verhält es sich anders: sie ist *definiert* als ein *Vertrag* bestimmter Art zwischen zwei menschlichen Personen. Und Verträge haben nur dann einen Sinn, wenn die Vertragspartner mit der Vertragserfüllung rechnen dürfen. Dies können sie nicht, wenn sie auf diese Vertragserfüllung eine unendlich lange Zeit warten müssen. Es macht daher für mich keinen Unterschied aus, ob ich einen 500,— DM-Schein mittels einer Kerze anzünde und verbrenne oder ihn als Einsatz einer Wette auf ein Naturgesetz benütze. Das Geld ist für mich in beiden Fällen verloren gegangen. Im zweiten Fall weiß ich dies deshalb — und dies ist einer der wenigen Fälle des *sicheren* Wissens —, weil ich bis zum St. Nimmerleinstag, an dem die Gewinne ausbezahlt werden, längst tot sein werde. *Eine Wette auf ein Naturgesetz mit positivem Einsatz ist* (für einen Menschen, zum Unterschied von einem unsterblichen Engel) *eine Wette, für die Verlust notwendig ist.*

Es scheint mir daher, daß vom Begriff der Wette ein magischer Gebrauch gemacht wird, wenn zur Vermeidung dieser Schwierigkeit ein allwissendes Orakel ins Spiel gebracht werden muß, dessen Auskünfte Wetten über Naturgesetze entscheiden. Die Ablehnung eines solchen magischen Gebrauches sollte man nicht Positivismus nennen.

Ließe sich durch Parallelisierung der Hintikkaschen Überlegung nicht ein analoger Einwand gegen den mathematischen Intuitionismus machen: „Könnten wir stets ein allwissendes Orakel befragen, so müßte selbst ein ‚Positivist wie

[20] Es handelt sich um die in Teil III, 1.b angeführte Kritik (1).

Brouwer' zugeben, daß es entweder unendlich viele Primzahlzwillinge gibt oder nicht"?

Wenn man sich an die entscheidungstheoretische Verwendung des Begriffs der personellen Wahrscheinlichkeit zurückerinnert, so könnte man durch Vergleich mit der Verifikationstheorie sagen: Es fehlt im entscheidungstheoretischen Fall das Tarski-Analogon zum Begriff der Wahrheit, welches es gestatten würde, den Begriff des Wettens auf Naturgesetze zu entmythologisieren (so wie durch Tarski der Wendung „wahr, aber nicht verifizierbar" das mythologische Gewand abgestreift worden ist)[21].

All dem könnte man jedoch entgegenhalten, daß Hintikka durch nichts anderes zu seinem Ergebnis gelangt sei als durch seine Analyse des de Finettischen Resultates, insbesondere nicht durch Einführung eines ‚magischen Begriffs der Wette'. Der einzige Unterschied zu de Finetti bestehe darin, daß Hintikka sich bezüglich der Formel (9) nicht darauf beschränkt, die (auf der linken Seite angeführte) Wahrscheinlichkeit Q direkt zu interpretieren, sondern daß er ebenso die aufgrund des Repräsentationstheorems durch Q eindeutig bestimmte Wahrscheinlichkeit P' — die Wahrscheinlichkeit vom Typ II im Sinn von Good — inhaltlich als subjektive Wahrscheinlichkeit deutet.

Ein solcher Einwand würde übersehen, daß Hintikka für seine Conclusio eine weitere Prämisse benötigt, die in der Übernahme des de Finettischen Operationalismus besteht (vgl. die obige Aussage (*b*)). Am deutlichsten zeigt sich dies in der Aussage, die Hintikka der Feststellung folgen läßt, daß de Finetti nicht gezeigt habe, wie man objektive Wahrscheinlichkeiten mittels subjektiver erklären könne[22], nämlich: „Er hat vielmehr erklärt, was es bedeutet, auf solche objektiven Wahrscheinlichkeitsaussagen zu wetten, d. h. was es bedeutet, ihnen subjektive Wahrscheinlichkeiten zuzuteilen"[23]. Die Übernahme der Voraussetzung (*b*) zeigt sich in der Verwendung des „d. h." (bzw. im Englischen: "i. e."). Wenn wir für diesen Begriff der Hypothesenwahrscheinlichkeit wieder den Ausdruck „Glaubensgrad" verwenden, so kann man Hintikkas Überlegung, welche den Übergang vom inhaltlich gedeuteten Q zum inhaltlich gedeuteten P' von (9) betrifft, etwa so wiedergeben:

[21] Im nichtmagischen Gebrauch entspricht: „eine Wette gewinnen (verlieren)" höchstens der Wendung: „eine Aussage verifizieren (falsifizieren)", nicht jedoch: „eine Aussage ist wahr (falsch)".

[22] Nebenher bemerkt: Einen solchen Anspruch hat de Finetti auch nie erhoben. Wenn man den im ersten Abschnitt dieses Anhanges geschilderten intuitiven Gedankengang als inhaltlich adäquat ansieht, so soll das Resultat von de Finetti nicht zeigen, daß der Begriff der objektiven Wahrscheinlichkeit auf den der subjektiven Wahrscheinlichkeit *zurückführbar* ist, sondern daß der erstere *unnötig* oder *überflüssig* ist.

[23] "Rather, he has explained what it means to bet on such probability-statements, i. e. what it means to associate probabilities to them subjectively".

(*A*) „Da DE FINETTI gezeigt hat, wie man von *Wahrscheinlichkeiten* (der Art *Q*) zu eindeutig bestimmten *Glaubensgraden* (der Art *P'*) für statistische Hypothesen gelangt und da Glaubensgrade als Wettquotienten interpretierbar sind, *so hat er gezeigt, wie Wetten auf statistische Hypothesen sinnvoll ist.*"

Demgegenüber scheint mit der folgende Gedankengang die korrekte Auswertung zu liefern:

(*B*) „Da erstens eine Wette auf nicht verifizierbare statistische (oder nichtstatistische) Hypothesen keinen Sinn ergibt, zweitens jedoch DE FINETTI gezeigt hat, wie man von Wahrscheinlichkeiten (der Art *Q*) zu eindeutig bestimmten Glaubensgraden (der Art *P'*) für statistische Hypothesen gelangt, *so hat er damit gezeigt, daß man nicht immer Glaubensgrade* (*Hypothesenwahrscheinlichkeiten*) *als Wettquotienten deuten darf.*"

Der Unterschied zwischen (*A*) *und* (*B*) *ist genau der Unterschied zwischen Festhalten und Preisgabe der operationalistischen Voraussetzung* (*b*)! Ich würde daher überall, wo HINTIKKA von Wetten auf unbekannte Wahrscheinlichkeiten spricht, nur von der Zuordnung von Glaubensgraden sprechen; insbesondere würde ich im weiter oben zitierten Text "how to bet on" ersetzen durch: "how to assign a degree of belief to".

Wenn man mich nun ins Kreuzfeuer nehmen und fragen würde: „Was soll denn eine Glaubwürdigkeitsbewertung, die sich nicht in der Sprache der Wettquotienten ausdrücken läßt, überhaupt bedeuten? Gehst du nicht einfach von einem magischen Gebrauch von ‚Wette' zu einem magischen Gebrauch von ‚Hypothesenwahrscheinlichkeiten' über?", so würde ich erwidern: „*Ich* habe diesen Übergang vom inhaltlich gedeuteten *Q zum inhaltlich gedeuteten P'* ja nicht vorgeschlagen! Daher ist die Beantwortung dieser Frage auch nicht *meine* Sorge. Ich sehe nur die folgende Alternative: *Entweder* man zieht sich, wie DE FINETTI, darauf zurück, in (9) *nur* das *Q* als echte Wahrscheinlichkeit zu deuten, dagegen *beide* Kategorien von Wahrscheinlichkeiten auf der rechten Seite als bloße mathematische Fiktionen anzusehen (*sowohl* die im Bildbereich der Zufallsfunktionen *f* liegenden objektiven Wahrscheinlichkeiten *als auch* die Glaubwürdigkeitsbewertung *P'*). *Oder* aber man denkt sich eine Interpretation eines probabilistischen Begriffs der Hypothesenwahrscheinlichkeit aus, die nicht auf dem Begriff des Wettquotienten beruht".

Durch diese angestellten Überlegungen habe ich eine nachträgliche Begründung dafür gegeben, warum ich bei der kritischen Erörterung der Carnapschen Theorie (vgl. den ersten Halbband, Teil II, 17) dem, was ich die *Intuition I*, nannte, den Vorzug gab.

Im Kontext der gegenwärtigen Diskussion des de Finettischen Theorems haben wir stets vorausgesetzt, daß die Glaubwürdigkeitsbewertungen von statistischen Hypothesen die Struktur einer Wahrscheinlichkeit haben. Es ist dieselbe Voraussetzung, die in Teil III, 13 bei der Analyse der Fiduzialwahrscheinlichkeit gemacht wurde. Daß diese Voraussetzung keineswegs selbstverständlich ist, dürften hoffentlich die Ausführungen zum Begriff der Likelihood in Teil III gezeigt haben.

Die Art und Weise, wie der Einfluß der Erfahrung auf unsere Wahrscheinlichkeitsbeurteilung künftigen Geschehens nach DE FINETTI auszusehen hat, ist von BRAITHWAITE in knapper und prägnanter Weise geschildert worden[24]: Die Erfahrung beeinflußt unsere Wahrscheinlichkeitsurteile über die Zukunft *nicht indirekt*, auf dem Wege über einen ‚dazwischengeschalteten mysteriösen Begriff‘ einer objektiven Wahrscheinlichkeit, der ‚ein Teil der physikalischen Welt ist und außerhalb von uns selbst existiert‘, sondern nur über den Gebrauch bedingter Wahrscheinlichkeitsurteile, bezüglich deren wir wissen, daß die Bedingungen erfüllt worden sind.

In dieser Tatsache, daß die personalistische Wahrscheinlichkeitstheorie *nur Einzelfälle auf Grund von Einzelfällen beurteilt* (in CARNAPS Sprechweise: nur ‚singuläre Voraussageschlüsse‘ betrachtet), *hingegen niemals Einzelfälle als Spezialisierungen einer allgemeinen Gesetzmäßigkeit deutet*, kann ich nur ein neues Anzeichen dafür erblicken, daß der Personalismus zwar für die *Entscheidungstheorie* das adäquate Instrumentarium zur Verfügung stellt, nicht jedoch für die *theoretische* Beurteilung deterministischer Gesetzeshypothesen oder statistischer Annahmen, etwa von der Art der Theorie der Radioaktivität.

Bibliographie

BRAITHWAITE, R. B., "On Unknown Probabilities", in: KÖRNER, S. (Hrsg.) *Observation and Interpretation*, London 1957, S. 3–11.

DOOB, J. L., *Stochastic Processes*, New York 1953.

DE FINETTI, B. [Foresight], "Foresight: Its Logical Laws, Its Subjective Sources", englische Übersetzung von: "La Prévision: Ses Lois Logiques, Ses Sources Subjectives", Ann. de l'Inst. H. Poincaré, Bd. 7 (1937), in: KYBURG, H. E. und SMOKLER, H. E. (Hrsg.), *Studies in Subjective Probability*, New York 1964, S. 93–158.

DE FINETTI, B., "Initial Probabilities: A Prerequisite for any Valid Induction", Synthese Bd. 20 (1969), S. 2–16.

GAIFMAN, H., "Applications of de Finetti's Theorem to Inductive Logic", in: CARNAP, R. und R. C. JEFFREY (Hrsg.), *Studies in Inductive Logic and Probability*, Berkeley-Los Angeles-London 1971, S. 235–251.

GOOD, I. J., Discussion of Bruno de Finetti's Paper: 'Initial Probabilities: A Prerequisite for any Valid Induction', Synthese Bd. 20 (1969), S. 17–24.

HEWITT, E. und SAVAGE, L. J., "Symmetric Measures on Cartesian Products", Transactions of the Amer. Math. Soc. Bd. 80 (1955), S. 470–501.

HINTIKKA, J. [Unknown Probabilities], "Unknown Probabilities, Bayesianism, and de Finetti's Representation Theorem", in: Boston Studies in the Philosophy of Science Bd. 8 (1972), S. 325–341.

[24] "On Unknown Probabilities", S. 9.

Jeffrey, R. C. [Representation Theorem], "De Finetti's Representation Theorem", unveröffentlichtes Manuskript 1960.

Jeffrey, R. C. [Probability Measures], "Probability Measures and Integrals", in: Carnap, R. und R. C. Jeffrey (Hrsg.), *Studies in Inductive Logic and Probability*, Berkeley-Los Angeles-London 1971, S. 167–221.

Kutschera, F. von, „Zur Problematik der Naturwissenschaftlichen Verwendung des Subjektiven Wahrscheinlichkeitsbegriffs", Synthese Bd. 20 (1969), S. 84–103.

Loève, M., *Probability Theory*, 3. Aufl. Princeton 1963.

Wright, G. H. von, "Remarks on the Epistemology of Subjective Probability", in: E. Nagel, P. Suppes and A. Tarski (Hrsg.), *Logic, Methodology and Philosophy of Science*, Stanford 1962, S. 330–339.

Anhang III: Metrisierung qualitativer Wahrscheinlichkeitsfelder

1. Axiomatische Theorien der Metrisierung. Extensive Größen

Im Bd. II, Kap. I dieser Reihe wurde die Einführung verschiedener Typen von Größen auf intuitiver Basis geschildert. Für eine präzise Formulierung des in diesem Anhang zu behandelnden Problems der Metrisierung qualitativer Wahrscheinlichkeitsfehler erweist es sich als notwendig, an den streng systematischen Aufbau von Theorien der Messung anzuknüpfen. In einem ersten Abschnitt soll kurz die axiomatische Theorie der extensiven Größen geschildert werden. (Es handelt sich hierbei um das systematische Gegenstück zu dem in Bd. II, Kap. I, 4.b behandelten Thema.) Es wird damit ein doppelter Zweck verfolgt: Erstens soll dadurch an einem besonders wichtigen Falltyp die axiomatische Einführung von Größenbegriffen geschildert werden. Zweitens ist dieser Typ auch für den probabilistischen Fall insofern von fundamentaler Bedeutung, als sich die Metrisierungen qualitativer Wahrscheinlichkeitsfelder darauf zurückführen lassen. Dies wird in dem Werk von D. H. Krantz et al., [Foundations], gezeigt. Für die Beweise der weiter unten angeführten Theoreme wird stets auf dieses Buch verwiesen.

Die axiomatische Theorie extensiver Größen soll allerdings nicht nach dem Vorgehen in diesem Werk skizziert werden, da dort von ziemlich komplizierten algebraischen Strukturen Gebrauch gemacht wird. Vielmehr knüpfen wir dazu an die einfachere Darstellung von P. Suppes und J. L. Zinnes in [Basic Measurement] an. Diese Darstellung beruht ihrerseits auf einer Verbesserung der Theorie von O. Hölder in [Quantität], welche Suppes in [Extensive Quantities] gegeben hat.

Mit der Einführung empirischer Größenbegriffe verfolgt man das Ziel, das Wissen über Zahlsysteme für die genauere Beschreibung und Analyse empirischer Gegenstandsbereiche auszuwerten. Dazu werden in einem ersten Schritt die ‚formalen' Eigenschaften gewisser empirischer Relationen und empirischer Operationen des Gegenstandsbereiches charakterisiert. In einem zweiten Schritt wird gezeigt, daß man dem *empirischen* Bereich einen Bereich von *Zahlen* auf solche Weise zuordnen kann, daß sich der empirische Bereich als *strukturgleich* mit dem Zahlbereich erweist. Die intuitive Vorstellung der Zuordnung wird mittels des Begriffs der Funktion und die intuitive Idee der Strukturgleichheit je nach Situation entweder durch den Begriff des Homomorphismus oder durch den des Isomorphismus präzisiert. Die Aufgabe, eine solche Zuordnung zu finden, nennt man das *Repräsentationsproblem* eines Metrisierungsprozesses. Die Lösung der Aufgabe erfolgt durch ein *Repräsentationstheorem*.

Anmerkung. Der Ausdruck „Repräsentationstheorem" hat im gegenwärtigen Kontext *nichts* zu tun mit dem gleichlautenden Ausdruck in Anhang II! Es hat sich leider eingebürgert, dieses Wort in zwei vollkommen verschiedenen Bedeutungen zu verwenden.

Die erwähnte Charakterisierung empirischer Relationen und Operationen soll *auf axiomatischem Wege* erfolgen. Die eleganteste Methode, eine Theorie zu axiomatisieren, besteht in der *Einführung eines mengentheoretischen Prädikates*. (Dabei wird allerdings kein formaler Aufbau der Mengenlehre benützt; vielmehr wird, ebenso wie dies in Teil 0, Kap. A, Abschnitt 1 geschah, die mengentheoretische Apparatur auf rein intuitivem Wege eingeführt.) Jede Entität, auf die das mengentheoretische Prädikat zutrifft, wird ein *Modell des Axiomensystems* genannt. Die Aufgabe, welche durch das Repräsentationstheorem einer Theorie der Metrisierung zu lösen ist, besteht in dem Nachweis dafür, daß jedes empirische Modell der Theorie mit einem numerischen Modell homomorph (isomorph) ist.

Von dieser Methode der Axiomatisierung haben wir bereits bei der Einführung der wahrscheinlichkeitstheoretischen Grundbegriffe Gebrauch gemacht (vgl. Teil 0, Kap. A, 2.b und 2.c). Wir analysieren nochmals das Vorgehen am Beispiel des Begriffs des endlich additiven Wahrscheinlichkeitsraumes. Zunächst haben wir jene Entitäten beschrieben, von denen es überhaupt sinnvoll ist zu fragen, ob sie Wahrscheinlichkeitsräume darstellen. Dies sind geordnete Tripel $\langle \Omega, \mathfrak{A}, P \rangle$, wobei Ω eine Menge ist, $\mathfrak{A}$ eine Klasse von Teilmengen von Ω und P eine reelle Funktion mit dem Argumentbereich $\mathfrak{A}$. *Nur* Entitäten, auf die all dies zutrifft, sind potentielle Kandidaten von Wahrscheinlichkeitsräumen. Sollte etwa statt des Tripels ein geordnetes Paar oder ein geordnetes Quadrupel vorgegeben sein oder sollten die drei Glieder nicht die eben angegebenen Bedingungen erfüllen (also z. B. $\mathfrak{A}$ eine Teilmenge von Ω oder P eine Funktion auf Ω sein), so weiß man a priori, daß es sich *nicht* um einen Wahrscheinlichkeitsraum handeln kann. „Man weiß es a priori" heißt dabei: „man weiß es, ohne sich die eigentlichen wahrscheinlichkeitstheoretischen Axiome ansehen zu müssen". Die eigentliche Axiomatisierung erfolgt dann mittels Einführung des mengentheoretischen Prädikates: „ist ein endlich additiver Wahrscheinlichkeitsraum". Und zwar treten hier zwei Gruppen von Axiomen auf: die erste Gruppe verlangt, daß $\mathfrak{A}$ ein Ereigniskörper ist (**D1** von Teil 0, Kap. A, 2.b); die zweite Gruppe fordert, daß P die Kolmogoroff-Axiome erfüllt (**D3** von Teil 0, Kap. A, 2.c).

Aus diesem Beispiel läßt sich das Verfahren für den allgemeinen Fall abstrahieren: Zunächst wird diejenige Art von Entität beschrieben, von der man sinnvollerweise fragen kann, ob sie das mengentheoretische Prädikat erfüllt. Sodann wird dieses Prädikat selbst definiert. Im Rahmen unseres gegenwärtigen Problems haben allerdings die im ersten Schritt formal zu charakterisierenden Entitäten eine andere Grundstruktur als in dem soeben gebrachten Beispiel. Denn wir müssen ja davon ausgehen, daß noch gar keine Größen verfügbar sind. Es hat sich herausgestellt, daß man mit dem von TARSKI in [Models] eingeführten Begriff des Relationssystems auskommt. Unter einem *Relationssystem* verstehen wir eine endliche Folge $\langle B, R_1 \ldots, R_n \rangle$ so daß B, der *Bereich* des Relationssystems, eine nichtleere Menge ist, und $R_1, \ldots, R_n$ auf B definierte Relationen darstellen, also $D_I(R_i)$ und $D_{II}(R_i) \subsetneq B$ für alle $i = 1, \ldots, n$ (vgl. Teil 0, (18) und (19)). Es wird dabei von der Tatsache Gebrauch gemacht, daß auch Operationen oder Funktionen als Relationen spezieller Art gedeutet werden können, nämlich als Relationen, die gewisse Eindeutigkeitsbedingungen erfüllen. Damit der Symbolismus nicht zu abstrakt wird, werden wir jedoch für Operationen eigene Symbole verwenden, die sich von Relationssymbolen unterscheiden. (Auf die Komplikation, Relationssystemen einen Typus zuzuordnen, können wir hier verzichten.)

Ein Relationssystem $\mathfrak{E} = \langle B, R_1, \ldots, R_n \rangle$ wird ein *empirisches Relationssystem* genannt, wenn B aus einer Gesamtheit empirisch identifizierbarer Objekte (Längen, Gewichte, Personen, Töne) besteht und die Relationen R_i empirische Relationen auf B darstellen. Besteht hingegen der Bereich aus Zahlen und sind dementsprechend alle im Relationssystem vorkommenden Relationen Beziehungen zwischen Zahlen, so spricht man von einem *numerischen Relationssystem*.

Es sei $\mathfrak{E} = \langle B, R_1, \ldots, R_n \rangle$ ein empirisches und $\mathfrak{N} = \langle N, S_1, \ldots, S_n \rangle$ ein numerisches Relationssystem. (Die Anzahl n der in beiden Systemen vorkommenden Relationen sei also dieselbe.) $\mathfrak{N}$ heißt *isomorphes Bild* von $\mathfrak{E}$ gdw es eine Bijektion, d. h. eine umkehrbar eindeutige Abbildung f von B auf N[25] gibt, so daß für jedes $i = 1, \ldots, n$ sowie für jedes Paar (a_1, a_2) von Elementen aus B gilt: $R_i(a_1, a_2)$ dann und nur dann wenn $S_i(f(a_1), f(a_2))$. (Diese Definition läßt sich natürlich für den Fall von beliebigen m-stelligen Relationen mit $m > 2$ verallgemeinern.) Wird die Forderung, daß f injektiv sein müsse, zu der Forderung abgeschwächt, daß f eine Funktion zu sein habe, und im übrigen alles beibehalten, so wird $\mathfrak{N}$ *homomorphes Bild* von $\mathfrak{E}$ genannt. Im Fall des Homomorphismus kann also *verschiedenen* Objekten durch f *dieselbe* Zahl zugeordnet werden, im Fall des Isomorphismus dagegen nicht. f selbst wird Isomorphie- bzw. Homomorphiekorrelator genannt. Man sagt dann auch, daß das eine System mit dem anderen *unter dem Homomorphiekorrelator h* homomorph sei. Wenn die *f-Bilder* von B in einer echten Teilmenge von N bestehen, so sagt man, f bilde $\mathfrak{E}$ in ein *Teilsystem von* $\mathfrak{N}$ ab.

Der Unterschied zwischen den beiden Typen von Strukturgleichheit ist meist nicht von großer praktischer Bedeutung. Da in der Regel *verschiedene Objekte dieselbe* Länge, *dasselbe* Gewicht etc. haben werden, scheint zunächst nur der Fall des Homomorphismus der ‚natürliche' Fall zu sein. Doch steht in den meisten Fällen — im Fall der Einführung extensiver Größen immer — eine Äquivalenzrelation zur Verfügung, also eine reflexive, transitive und symmetrische Relation, die B

[25] Vgl. Teil 0, Definition (21) sowie den dort darauffolgenden Text.

in disjunkte Äquivalenzklassen zerlegt. Man braucht dann nur diese Äquivalenzklassen statt der Elemente von B *als neue Individuen* zu wählen, um den Homomorphismus in einen Isomorphismus zu verwandeln. Für eine einfache Illustration vgl. KRANTZ et al., [Foundations], S. 16.

Unter Benützung dieser Terminologie kann die Aufgabe einer Theorie der Messung (genauer natürlich: der Metrisierung) dahingehend charakterisiert werden, daß ein mengentheoretisches Prädikat einzuführen ist, welches mindestens ein empirisches Relationssystem als Modell besitzt und außerdem mindestens ein damit homomorphes (isomorphes) numerisches Relationssystem (Lösung des *Repräsentationsproblems*). Wenn $\mathfrak{E}$ ein empirisches Relationssystem und f eine Funktion ist, die $\mathfrak{E}$ homomorph in ein Teilsystem eines numerischen Relationssystems $\mathfrak{N}$ abbildet, so wird das Tripel $\langle \mathfrak{E}, \mathfrak{N}, f \rangle$ eine *Skala* genannt. Die Art der Skala liegt allerdings erst fest, wenn außer dem Repräsentationsproblem auch noch das *Eindeutigkeitsproblem* gelöst ist. Dieses Problem besteht in der Frage, bis auf welche Transformationen der Homomorphiekorrelator eindeutig bestimmt ist. Je nach der Beantwortung dieser Frage unterscheidet man verschiedene *Skalentypen*.

Alle diese Begriffe sollen sogleich am Beispiel extensiver Größen illustriert werden. Die Entitäten, auf die das mengentheoretische Prädikat „ist ein extensives System" anwendbar ist, sind geordnete Tripel $\langle B, R, \circ \rangle$. Zwecks besseren Verständnisses der Axiome stelle man sich B als Menge empirischer Objekte, R als zweistellige Relation von der Art „ist höchstens gleich (schwer, lang usw.) wie" und $\circ$ als eine Kombinationsoperation vor, die der Addition in dem analogen Sinn entspricht, wie die Relation R der Relation $\leqq$ zwischen Zahlen entspricht. (Für detaillierte inhaltliche Erläuterungen vgl. Bd. II, S. 49ff.) Größerer Anschaulichkeit halber soll die Aussageform „die Relation R besteht zwischen x und y" durch „xRy" wiedergegeben werden.

D1 X ist ein *extensives System* gdw ein B, R und $\circ$ existiert, so daß gilt:

(I) (1) $X = \langle B, R, \circ \rangle$;

(2) B ist eine nichtleere Menge;

(3) R ist eine zweistellige Relation auf B;

(4) $\circ$ ist eine Funktion mit $D_I(\circ) = B \times B$ und $D_{II}(\circ) \subseteq B$[26];

(II) Für alle $x, y, z \in B$ gilt:

(1) $(xRy \wedge yRz) \rightarrow xRz$;

(2) $(x \circ y) \circ zRx \circ (y \circ z)$;

(3) $xRy \rightarrow x \circ zRz \circ y$;

(4) $\neg xRy \rightarrow \bigvee z(z \in B \wedge xRy \circ z \wedge y \circ zRx)$;

(5) $\neg x \circ yRx$;

(6) Wenn xRy, dann gibt es eine natürliche Zahl n, so daß $yRnx$.

[26] Auch hier wurden die in Teil 0, Kap. A, Abschnitt 1.c eingeführten Symbole benützt: von der Kombinationsoperation wird also verlangt, daß sie auf dem Cartesischen Produkt von B mit sich selbst definiert ist und nur Werte in B besitzt.

Das in der letzten Bestimmung vorkommende „nx" ist rekursiv definiert durch: $1x = x$, $nx = (n-1)\, x \circ x$. Die Aussage (6) ist äquivalent mit der Forderung, das das System *archimedisch* sein müsse[27].

Im Einklang mit der inhaltlichen Vorbetrachtung wurden unter (I) diejenigen Merkmale angeführt, die eine Entität besitzen muß, ‚damit man überhaupt sinnvoll fragen kann, ob es sich um ein extensives System handle'. Die ‚eigentlichen Axiome' sind dann unter (II) angeführt.

Die Relation R liefert eine *schwache Ordnung* der Elemente aus B, d. h. R ist *transitiv* und *stark zusammenhängend.* (Letzteres bedeutet, daß für alle $x, y \in B$ gilt: xRy oder yRx. Für einen Nachweis dieser Aussage vgl. z. B. SUPPES, [Extensive Quantities], Theorem 5).

Für die Formulierung des Repräsentationstheorems benötigen wir noch den Begriff des *numerischen extensiven Systems.* Dies ist ein geordnetes Tripel $\langle N, \leqq, + \rangle$, so daß N eine nichtleere Menge von positiven reellen Zahlen ist, während $\leqq$ die übliche kleiner-oder-gleich-Beziehung und $+$ die übliche Operation der Addition darstellt, die letzteren beiden beschränkt auf die Menge N. Das Repräsentationstheorem kann dann so formuliert werden:

T$_1$ *Jedes extensive System* $\langle B, R, \circ \rangle$ *ist homomorph mit einem numerischen extensiven System* $\langle N, \leqq, + \rangle$. *Der Homomorphiekorrelator h erfüllt die Bedingung, daß für alle* $x, y, \in B$ *gilt:* $h(x) = h(y)$ *gdw sowohl* xRy *als auch* yRx.

Die Skala, welche ein empirisches extensives System besitzt, ist eine *Verhältnisskala,* d. h. der Homomorphiekorrelator ist nur bis auf Ähnlichkeitstransformationen eindeutig bestimmt. Dies wird im folgenden Eindeutigkeitstheorem ausgedrückt:

T$_1^*$ *Wenn ein extensives System* $\langle B, R, \circ \rangle$ *unter dem Homomorphiekorrelator* h_1 *homomorph ist mit dem numerischen System* $\langle N_1, \leqq, + \rangle$ *und unter dem Homomorphiekorrelator* h_2 *homomorph mit dem numerischen System* $\langle N_2, \leqq, + \rangle$, *dann existiert eine positive reelle Zahl* α, *so daß für alle* $x \in B$ *gilt:* $h_1(x) = \alpha\, h_2(x)$.

Anmerkung 1. Für jedes numerische extensive System, welches bezüglich eines vorgegebenen empirischen extensiven Systems die Bedingung von **T**$_1$ erfüllt, existiert genau ein Homomorphismus h. Er ist ein Element der Klasse aller homomorphen Abbildungen des empirischen Systems in ein numerisches extensives System. Da wegen **T**$_1^*$ zwei verschiedene derartige Abbildungen nicht denselben Wert für ein Element $x \in B$ haben können, genügt es zur Bestimmung von h, für *ein einziges* Element x aus B den Wert $h(x)$ anzugeben. Die Aufgabe, eine empirische extensive Größe zu beschreiben, ist damit zurückgeführt auf die Auf-

[27] Dem entspricht im Bereich der positiven reellen Zahlen die folgende Aussage: Zu jeder (noch so großen) reellen Zahl y und jeder (noch so kleinen) reellen Zahl x gibt es eine natürliche Zahl n, so daß $y \leqq nx$. Dadurch wird die intuitive Idee ausgedrückt, daß keine noch so große Zahl von einer beliebig vorgegebenen kleinen Zahl ‚unendlich weit entfernt' ist, wenn man für die Entfernungsmessung die kleine Zahl als Einheit wählt.

gabe, ein empirisches extensives System axiomatisch zu beschreiben und für ein Element des Bereichs dieses Systems den numerischen Wert anzugeben.

Anmerkung 2. Durch „$x \sim y$ gdw xRy und yRx" wird eine Äquivalenzrelation auf dem Bereich des extensiven Systems definiert. $[x] = \{y \mid y \in B \wedge y \sim x\}$ ist die durch x bestimmte Äquivalenzklasse. Die Äquivalenzklassen bezüglich $\sim$ bilden eine Zerlegung von B. Wählt man in der obigen Darstellung diese Äquivalenzklassen als neue Individuen (d. h. geht man statt von B von der Familie $B/\sim$ aller aus B zu gewinnenden $\sim$-Äquivalenzklassen aus), so wird im Repräsentationstheorem die Existenz eines Isomorphismus statt eines bloßen Homomorphismus behauptet.

Anmerkung 3. Aus dem Axiom (II) (5), der Definition von „o" und den Ordnungseigenschaften von R folgt, daß der Bereich B eines extensiven Systems stets unendlich sein muß. Für viele, wenn nicht für sämtliche empirischen Anwendungen beinhaltet dies eine unrealistische Forderung. In dem bereits zitierten Werk von Krantz et al. wird diesem Mangel abgeholfen, allerdings nur um den Preis einer gewissen mathematischen Komplikation: Es wird dort das Repräsentations- und Eindeutigkeitstheorem für Relationssysteme bewiesen, die spezielle Fälle von geordneten lokalen Halbgruppen sind (vgl. a. a. O. S. 44ff.).

2. Metrisierung von Wahrscheinlichkeitsfeldern

2.a Metrisierung klassischer absoluter Wahrscheinlichkeitsfelder im endlichen und abzählbaren Fall. Im Fall der klassischen Wahrscheinlichkeitstheorie besteht das Metrisierungsproblem darin, den Begriff des Wahrscheinlichkeitsraumes (vgl. **D3** und **D4** von Teil 0) als Bestandteil eines Repräsentationstheorems zu behandeln. Es wird davon ausgegangen, daß auf dem Körper (σ-Körper) nur eine Ordnungsrelation $\succsim$ definiert ist, welche die Bedeutung hat: „ist mindestens so wahrscheinlich wie"[28]. Gesucht wird eine ‚die Ordnung erhaltende' numerische Funktion P, welche die Kolmogoroff-Axiome erfüllt. Bei diesem Vorgehen wird also die Zuordnung von Wahrscheinlichkeiten zu Ereignissen als ein Problem der (fundamentalen) Metrisierung behandelt.

Wenn die qualitative Relation $\succsim$ gegeben ist, so können die beiden Relationen $\sim$ (für „ist gleichwahrscheinlich mit") und $\succ$ (für „ist wahrscheinlicher als") durch Definition eingeführt werden:

$$A \sim B \text{ gdw } A \succsim B \text{ und } B \succsim A$$

$$A \succ B \text{ gdw } A \succsim B \text{ und nicht } B \succsim A.$$

Es sei $\mathfrak{A}$ ein Mengenkörper und $\sim$ eine Äquivalenzrelation auf $\mathfrak{A}$. Eine Folge $(A_i)_{i \in \mathbb{N}}$ von Elementen $A_i \in \mathfrak{A}$ heißt *Standardfolge bezüglich des Elementes* $A \in \mathfrak{A}$ gdw für $i = 1, 2, \ldots$ Elemente B_i, $C_i \in \mathfrak{A}$ existieren, so daß gilt:

(*a*) $A_1 = B_1$ und $B_1 \sim A$;

(*b*) $B_i \cap C_i = \emptyset$;

[28] Dieser Relationsbegriff wird als *qualitativer* Wahrscheinlichkeitsbegriff bezeichnet. In der Terminologie von Bd. II liegt ein *komparativer* Begriff vor.

(c) $B_i \sim A_i$;

(d) $C_i \sim A$;

(e) $A_{i+1} = B_i \cup C_i$.

Jedes Glied A_i der Standardfolge wird also durch diese Bestimmungen als Vereinigung von i disjunkten ‚Kopien' des vorgegebenen Elementes A von $\mathfrak{A}$ konstruiert.

Im folgenden verstehen wir unter einer *schwachen Ordnung* stets ein Relationssystem $\langle A, R \rangle$, so daß A eine Menge und R eine Teilmenge von $A \times A$ ist, wobei diese Relation R auf A transitiv und stark zusammenhängend ist.

D2 X ist ein *qualitatives Wahrscheinlichkeitsfeld* gdw es ein Ω, $\mathfrak{A}$ und $\gtrsim$ gibt, so daß gilt:

(I) (1) $X = \langle \Omega, \mathfrak{A}, \gtrsim \rangle$;

(2) Ω ist eine nichtleere Menge;

(3) $\mathfrak{A}$ ist ein Mengenkörper über Ω;

(4) $\gtrsim$ ist eine Teilmenge von $\mathfrak{A} \times \mathfrak{A}$ (d. h. eine Relation auf $\mathfrak{A}$).

(II) Für alle $A, B, C, D \in \mathfrak{A}$ gilt:

(1) $\langle \mathfrak{A}, \gtrsim \rangle$ ist eine schwache Ordnung;

(2) $\Omega \succ \emptyset$ und $A \gtrsim \emptyset$;

(3) wenn $A \cap B = A \cap C = \emptyset$, dann ist $B \gtrsim C$ gdw $A \cup B \gtrsim A \cup C$.

Von dem Wahrscheinlichkeitsfeld wird außerdem gesagt, daß es eine *archimedische Struktur* habe, wenn die Definition unter (II) die zusätzliche Bestimmung enthält:

(4) für jedes $A \succ \emptyset$ ist jede Standardfolge bezüglich A endlich[29].

Man kann leicht zeigen: Alle diese axiomatischen Bestimmungen sind in dem Sinn *notwendig*, daß sie aus der Annahme folgen, die gesuchte Repräsentation existiere. Für das archimedische Axiom ergibt sich dies so: Da P ordnungstreu sein muß, ist nach Voraussetzung $P(A) > 0$. Das i-te Glied A_i der Standardfolge bezüglich A besteht aus i disjunkten Mengen, deren jede mit A gleichwahrscheinlich ist. Also ist $P(A_i) = i\, P(A)$. Würde somit (II) (4) nicht gelten, so wäre die Normierungsbedingung für P verletzt.

Der Notwendigkeitsbeweis der übrigen angeführten Axiome findet sich in Krantz et al., [Foundations], S. 203.

Die in **D2** angeführten Axiome sind nachweislich für den Beweis des Repräsentationstheorems nicht ausreichend.

Dies haben Kraft, Pratt und Seidenberg in [Intuitive Probability] durch einen raffinierten und verblüffend einfachen Kunstgriff gezeigt. Dieses Verfahren wird in Krantz et al., [Foundations], auf S. 205f. geschildert.

---

[29] Es möge beachtet werden, daß die Glieder A_i einer Standardfolge in dem Sinn nach oben durch Ω beschränkt sind, daß stets gilt: $A_i \subset \Omega$.

Die Hinzufügung des folgenden, erstmals von R. D. LUCE in [Sufficient Conditions] angegebenen Axioms genügt jedoch, um das gewünschte Repräsentationstheorem zu beweisen. Es werde ebenso wie in KRANTZ et al., S. 207, Axiom 5 genannt. Sein Inhalt bedarf keiner weiteren Erläuterung.

Axiom 5 $\langle \Omega, \mathfrak{A}, \succsim \rangle$ *sei ein qualitatives Wahrscheinlichkeitsfeld. Für alle* $A, B, C, D \in \mathfrak{A}$, *so daß* $A \cap B = \emptyset$, $A \succ C$ *und* $B \succsim D$, *existieren* $C', D', E \in \mathfrak{A}$, *so daß*:

(α) $E \sim A \cup B$;

(β) $C' \cap D' = \emptyset$;

(γ) $C' \cup D' \subset E$;

(δ) $C' \sim C$ *und* $D' \sim D$.

Für eine kurze Diskussion dieses Axioms sowie seinen Vergleich mit anderen, teils stärkeren, teils schwächeren Axiomen vgl. KRANTZ et al., a. a. O. S. 206ff. Die Autoren geben außerdem auf S. 208ff. eine knappe und dennoch vollständige Schilderung des Verfahrens von SAVAGE, der die Relation $\succsim$ aus einer *Präferenzrelation* herleitet, die – entscheidungstheoretisch gesprochen — eine schwache Ordnung der Menge der Resultate und der Menge der Handlungen liefert.

Das Verfahren von SAVAGE berührt sich mit der in Teil I, Abschnitt 7, geschilderten Methode. Doch besteht der entscheidende Unterschied darin, daß es auch bei SAVAGE nur um die Metrisierung *der Wahrscheinlichkeit allein* geht, während das in Teil I geschilderte Verfahren eine *simultane* Metrisierung von Nützlichkeiten *und* Wahrscheinlichkeiten lieferte.

Jetzt kann das gesuchte Repräsentationstheorem formuliert werden, welches zugleich eine absolute Eindeutigkeitsaussage enthält:

T_2 *Wenn* $\langle \Omega, \mathfrak{A}, \succsim \rangle$ *ein qualitatives Wahrscheinlichkeitsfeld von archimedischer Struktur ist, welches außerdem* **Axiom 5** *erfüllt, so existiert eine eindeutig bestimmte, die Ordnung bezüglich* $\succsim$ *bewahrende Funktion* P *mit* $D_I(P) = \mathfrak{A}$ und $D_{II}(P) = [0,1]$ (*Einheitsintervall*), *so daß* $\langle \Omega, \mathfrak{A}, P \rangle$ *ein endlich additiver Wahrscheinlichkeitsraum ist.*

Der interessante Beweis dieses Theorems, den KRANTZ et al. auf S. 212ff. geben, besteht in der Zurückführung auf das Repräsentationstheorem für extensive Größen.

Es sei noch kurz die von VILLEGAS angegebene Verschärfung der Bedingungen angeführt, welche notwendig ist, wenn das zweite Glied $\mathfrak{A}$ eines qualitativen Wahrscheinlichkeitsfeldes ein σ-Körper ist. Die Relation $\succsim$ werde *monoton stetig auf* $\mathfrak{A}$ genannt gdw für jede Folge $(A_i)_{i \in \mathbf{N}}$ von Elementen aus $\mathfrak{A}$ und jedes $B \in \mathfrak{A}$ gilt: Wenn $A_k \subset A_{k+1}$ und $B \succsim A_k$ für alle k, dann $B \succsim \bigcup_{i=1}^{\infty} A_i$.

Das Repräsentationstheorem $\mathbf{T}_3$, dessen genaue Formulierung dem Leser überlassen bleibe, liefert die folgenden hinreichenden Bedingungen für eine σ-additive Wahrscheinlichkeitsrepräsentation einer zweistelligen Relation $\succsim$ auf einem σ-Körper $\mathfrak{A}$: die Erfüllung der vier Axiome (II) (1) bis (4) von **D2**, des Axiom 5 sowie der monotonen Stetigkeit von $\succsim$ auf $\mathfrak{A}$.

Für einen Beweis vgl. KRANTZ et al., [Foundations], S. 218ff.

2.b Metrisierung quantenmechanischer Wahrscheinlichkeitsfelder. Eine Eigentümlichkeit der Quantenphysik besteht darin, daß für zwei Ereignisse A und B die Wahrscheinlichkeiten $P(A)$ sowie $P(B)$ existieren können, ohne daß die Wahrscheinlichkeit $P(A \cap B)$ existiert. Es sei etwa A das Ereignis, daß eine Elementarpartikel zur Zeit t sich in einem räumlichen Bereich x aufhält, und B das Ereignis, daß eben diese Partikel zur selben Zeit t einen Impuls besitzt, der in ein Intervall y hineinfällt. $A \cap B$ ist dann das Ereignis, daß sich die Partikel zur Zeit t in x aufhält und einen Impuls y hat. Der eben genannte Sachverhalt ist die probabilistische Widerspiegelung jener Fälle, in denen man beobachten kann, ob A vorkam, ebenso auch, ob B vorkam, nicht jedoch, ob $A \cap B$ vorkam. (Für eine eingehendere Diskussion vgl. Bd. II, Anhang, S. 438ff.)

Der naheliegendste und wohl auch einfachste Ausweg aus dieser Schwierigkeit ist von Suppes beschrieben worden. Er besteht in einer Änderung des Begriffs der ‚Logik der Ereignisse'.

D3 *Ω sei eine nichtleere Menge und $\mathfrak{A}$ eine nichtleere Klasse von Teilmengen von Ω. $\mathfrak{A}$ ist ein QM-Mengenkörper über Ω gdw für jedes $A, B \in \mathfrak{A}$ gilt:*

1. $\overline{A} \in \mathfrak{A}$;
2. wenn $A \cap B = \emptyset$, dann $A \cup B \in \mathfrak{A}$.

Ist $\mathfrak{A}$ außerdem abgeschlossen bezüglich der Operation der Bildung abzählbarer Vereinigungen wechselseitig disjunkter Mengen, so wird $\mathfrak{A}$ ein QM-σ-Körper genannt.

Daß die obige Schwierigkeit hier nicht auftritt, ergibt sich aus der beweisbaren Aussage: wenn $A, B \in \mathfrak{A}$, dann $A \cup B \in \mathfrak{A}$ gdw $A \cap B \in \mathfrak{A}$.

Für einen Beweis dieser Aussage vgl. KRANTZ et al. [Foundations], S. 217, Lemma 5.

Die eindeutige Wahrscheinlichkeitsrepräsentation läßt sich auch in diesem Fall beweisen, wenn entsprechend dem Vorgehen von KRANTZ et al. in [Foundations] die Bestimmung (3) von **D2**, (II) verschärft wird zum folgenden

Axiom 3'. *Es sei $A \cap B = C \cap D = \emptyset$. Wenn $A \succsim C$ und $B \succsim D$, dann $A \cup B \succsim C \cup D$. Sofern in einem der Glieder des Wenn-Satzes „$\succ$" statt „$\succsim$" vorkommt, so ist auch im Dann-Satz „$\succsim$" durch „$\succ$" zu ersetzen.*

T_4 *Wenn $\mathfrak{A}$ ein QM-Mengenkörper über Ω ist und wenn das Relationssystem $\langle\Omega, \mathfrak{A}, \succsim\rangle$ die Axiome* (1), (2) *und* (4) *von* **D2** (II) *sowie* **Axiom 5** *und* **Axiom 3'** *erfüllt, dann existiert eine eindeutig bestimmte Funktion P auf $\mathfrak{A}$,* *welche die Ordnung bezüglich $\gtrsim$ bewahrt und die Kolmogoroff-Axiome erfüllt.*

Die Repräsentation für den Fall, daß $\mathfrak{A}$ ein σ-Körper ist, durch ein σ-additives Wahrscheinlichkeitsmaß gilt unter derselben Zusatzvoraussetzung wie im klassischen Fall: *monotone Stetigkeit von $\gtrsim$ auf $\mathfrak{A}$* (**T**$_5$).

Für die Beweise vgl. Krantz et al., a. a. O., S. 215 und S. 218ff.

2.c Metrisierung qualitativer bedingter Wahrscheinlichkeitsfelder. Die Übertragung der bisherigen Methoden auf den Fall bedingter Wahrscheinlichkeiten ist nicht trivial. Der Grund dafür liegt darin, daß die Definition der bedingten Wahrscheinlichkeit

$$P(B \mid A) = \frac{P(A \cap B)}{P(A)}$$

nur unter der Voraussetzung $P(A) > 0$ gilt.

Zu lösen ist das folgende Problem: Gegeben sei eine vierstellige Relation $B \mid A \gtrsim D \mid C$, welche besagt, daß B bei gegebenem A *mindestens so wahrscheinlich ist wie* D bei gegebenem C. *Unter welchen Voraussetzungen kann diese Relation durch ein Maß für bedingte Wahrscheinlichkeit repräsentiert werden, so daß also gilt:*

$$B \mid A \gtrsim D \mid C \text{ gdw } \frac{P(A \cap B)}{P(A)} \geqq \frac{P(C \cap D)}{P(C)}\ ?$$

Das folgende Verfahren wurde von Luce in [Conditional Probability] entwickelt. Wegen der eingangs erwähnten Tatsache kann diesmal $\gtrsim$ nicht als Teilmenge auf $\mathfrak{A} \times \mathfrak{A}$ gewählt werden. Es sind aus den ‚Bedingungen' die Ereignisse mit der Wahrscheinlichkeit 0 auszuschließen. Diese Ereignisse bilden eine Teilklasse $\mathfrak{N}$ von $\mathfrak{A}$. $\gtrsim$ ist daher als Teilmenge von $\mathfrak{A} \times (\mathfrak{A} - \mathfrak{N})$ zu wählen. Für ein typisches Element dieser Menge werde die Bezeichnung „$B \mid A$" gewählt.

D4 *X ist ein qualitatives bedingtes Wahrscheinlichkeitsfeld* gdw es ein Ω, ein $\mathfrak{A}$, ein $\mathfrak{N}$ und ein $\gtrsim$ gibt, so daß gilt:

(I) (1) $X = \langle \Omega, \mathfrak{A}, \mathfrak{N}, \gtrsim \rangle$;
(2) Ω ist eine nichtleere Menge;
(3) $\mathfrak{A}$ ist ein Mengenkörper über Ω;
(4) $\mathfrak{N}$ ist eine Teilmenge von $\mathfrak{A}$;
(5) $\gtrsim$ ist eine Teilmenge von $\mathfrak{A} \times (\mathfrak{A} - \mathfrak{N})$;

(II) Für alle $A, B, C, A', B', C' \in \mathfrak{A}$ (bzw. $\in \mathfrak{A} - \mathfrak{N}$, wenn das Symbol rechts von „|" vorkommt) gilt:
(1) $\langle \mathfrak{A} \times (\mathfrak{A} - \mathfrak{N}), \gtrsim \rangle$ ist eine schwache Ordnung;
(2) $\Omega \in \mathfrak{A} - \mathfrak{N}$ und $B \in \mathfrak{N}$ gdw $B \mid \Omega \sim \emptyset \mid \Omega$;
(3) $\Omega \mid \Omega \sim A \mid A$ und $\Omega \mid \Omega \gtrsim B \mid A$;
(4) $B \mid A \sim A \cap B \mid A$;

(5) Es sei $A \cap B = A' \cap B' = \emptyset$. Wenn $B \mid A \succsim B' \mid A'$ und $C \mid A \succsim C' \mid A'$, dann $B \cup C \mid A \succsim B' \cup C' \mid A'$. Falls ein Glied des Wenn-Satzes $\succ$ statt $\succsim$ enthält, so gilt auch im Dann-Satz $\succ$ statt $\succsim$.

(6) Es sei $C \subseteq B \subseteq A$ und $C' \subseteq B' \subseteq A'$. Wenn $B \mid A \succsim C' \mid B'$ und $C \mid B \succsim B' \mid A'$, dann $C \mid A \succsim C' \mid A'$. Ferner gilt die Analogie zu (5) für $\succ$ statt $\succsim$.

Ein solches Feld wird archimedisch genannt, wenn außerdem gilt:

(7) Jede Standardfolge ist endlich.

Dabei wird $A_1, A_2, \ldots$ eine Standardfolge genannt gdw für alle Glieder A_i gilt:

(*a*) $A_i \in \mathfrak{A} - \mathfrak{N}$;

(*b*) $A_i \subseteq A_{i+1}$;

(*c*) $\Omega \mid \Omega \succ A_i \mid A_{i+1} \sim A_1 \mid A_2$.

Alle diese Axiome sind für die gesuchte Repräsentation notwendig. (Vgl. KRANTZ et al., [Foundations], S. 223f.) Die letztere gewinnt man durch Hinzufügung des folgenden nicht notwendigen Axioms:

Axiom 8. *Wenn $B \mid A \succsim D \mid C$, dann gibt es ein $D' \in \mathfrak{A}$, so daß $C \cap D \subseteq D'$ und $B \mid A \sim D' \mid C$.*

Eine nichttriviale Anwendung dieses Axioms liegt vor, wenn die Bedingung $B \mid A \succ D \mid C$ lautet. Dann wird verlangt, daß $\mathfrak{A}$ ‚inhaltsreich' genug ist, um D zu einer Menge D' zu erweitern (man könnte auch sagen: zu einer solchen umfassenderen Menge adjunktiv zu ergänzen), so daß $B \mid A$ probabilistisch äquivalent wird mit $D' \mid C$.

Das Repräsentations- und Eindeutigkeitstheorem lautet:

T_6 *Es sei $\langle \Omega, \mathfrak{A}, \mathfrak{N}, \succsim \rangle$ ein qualitatives bedingtes Wahrscheinlichkeitsfeld, für welches außerdem das* **Axiom 8** *gilt. Dann gibt es eine eindeutig bestimmte reellwertige Funktion P auf $\mathfrak{A}$, so daß für alle $B, D \in \mathfrak{A}$ und alle $A, C \in \mathfrak{A} - \mathfrak{N}$ gilt:*

(*a*) *$\langle \Omega, \mathfrak{A}, P \rangle$ ist ein endlich additiver Wahrscheinlichkeitsraum;*

(*b*) *$B \in \mathfrak{N}$ gdw $P(B) = 0$;*

(*c*) *$B \mid A \succsim D \mid C$ gdw $\dfrac{P(A \cap B)}{P(A)} \geq \dfrac{P(C \cap D)}{P(C)}$.*

Durch (*a*) ist gewährleistet, daß P die Kolmogoroff-Axiome erfüllt, durch (*b*), daß $\mathfrak{N}$ genau die ‚Nullereignisse' (=Ereignisse von der Wahrscheinlichkeit 0) enthält, und durch (*c*), daß die Funktion P die gewünschte Repräsentation der qualitativen bedingten Wahrscheinlichkeit liefert.

Für den Beweis des Theorems vgl. KRANTZ et al. [Foundations], S. 225 und S. 228ff.

Bibliographie

HÖLDER, O. [Quantität], „Die Axiome der Quantität und die Lehre vom Maß", Ber. Verh. d. Kgl. Sächs. Ges. d. Wiss., Math.-Phys. Classe Bd. 53 (1901), S. 1–64.

KRAFT, C. H., J. W. PRATT und A. SEIDENBERG [Intuitive Probability], "Intuitive Probability on Finite Sets", Ann. Math. Statist. Bd. 30 (1959), S. 408–419.

KRANTZ, D. H., R. D. LUCE, P. SUPPES und A. TVERSKY [Foundations], *Foundations of Measurement*, New York und London 1971.

LUCE, R. D. [Sufficient Conditions], "Sufficient Conditions for the Existence of a Finitely Additive Probability Measure", Ann. Math. Statist. Bd. 38 (1967), S. 780–786.

LUCE, R. D. [Conditional Probability], "On the Numerical Representation of Qualitative Conditional Probability", Ann. Math. Statist. Bd. 39 (1968), S. 481–491.

SAVAGE, L. J., *The Foundations of Statistics*, New York 1954.

SUPPES, P. [Extensive Quantities], "A Set of Independent Axioms for Extensive Quantities", Portugal. Math. Bd. 10 (1951), S. 163–172.

SUPPES, P., "Probability Concepts in Quantum Mechanics", Philosophy of Science Bd. 28 (1961), S. 378–389.

SUPPES, P., "The Role of Probability in Quantum Mechanics", in: BAUMRIN, B. (Hrsg.), *Philosophy of Science, The Delaware Seminar*, New York 1963, S. 319–337.

SUPPES, P., "The Probabilistic Argument for a Non - Classical Logic of Quantum Mechanics", Philosophy of Science Bd. 33 (1966), S. 14–21.

SUPPES, P., *Studies in the Methodology and Foundations of Science*, Dordrecht 1969.

SUPPES, P. und J. L. ZINNES [Basic Measurement], "Basic Measurement Theory", in: LUCE, R. D., R. R. BUSH und E. GALANTER (Hrsg.), Handbook of Mathematical Psychology, Bd. 1, New York 1963, S. 1–76.

TARSKI, A. [Models] "Contributions to the Theory of Models", Indagationes Mathematicae Bd. 16 (1954), S. 572–588, und Bd. 17 (1955), S. 56–64.

VILLEGAS, C. "On Qualitative Probability σ-Algebras", Ann. Math. Statist. Bd. 35 (1964), S. 1787–1796.

VILLEGAS, C. "On Qualitative Probability", Amer. Math. Monthly Bd. 74 (1967), S. 661–669.

Autorenregister

Sachverzeichnis

Verzeichnis der Symbole und Abkürzungen